建設業・不動産業に係る印紙税の実務

山端 美德 著

税務研究会出版局

はしがき

印紙税は、日常の経済取引等に関連して作成される文書のうち、印紙税法で定める20種類の文書が課税文書として列挙されています。作成された文書が課税文書に該当するかどうかは自ら判断し、原則として収入印紙を貼付して納税することとなります。

不動産売買契約書や建設工事請負契約書或いは領収書などは、収入印紙を貼らなければいけないことは広く知られているところで印紙税額一覧表を見て金額に応じた収入印紙を貼付していることと思いますが、印紙税は標題に関わらず課税文書に該当する場合があります。また、印紙税法は条文も少なく、簡潔となっていますが、民法、商法、会社法などの法律を根拠として回答を導く場合や取引の商慣習などを前提として考えるなど、印紙税の課否判定を行うことは容易ではありません。

そのため、印紙税額一覧表に記載されている文書の名称だけで判断し、誤った取扱いをしている事例が多く見受けられます。

本書は、不動産業、建設業において作成される文書をもとに、印紙税の考え方について事例を交えて解説しております。

皆様方にとって、印紙税に関する基礎知識の習得にお役にたてていただけるものになれば幸いです。なお、本書の意見等は執筆者の私見であり、税務当局の確定した見解ではないことをあらかじめご了承ください。

また、事例文書は、課否判定における一般的な考え方を掲載しているものであり、標題が同じだからといって皆様方が作成される具体的な取引等に適用する場合にはこの回答内容と異なる課税関係が生ずる場合があり、記載文言等の違いから同様の取扱いになるとは限りませんので、契約書作成時に不明な点が生じた際には、税務署に文書を持ち寄り確認願いたいと思います。

2018年６月

税理士　山端　美徳

目　次

第１章　印紙税に関する基本的な事項

第2章 課税物件

第3章 不動産・建設業界で作成される文書に係る具体的な取扱い

参考資料

凡　　例

○法……………印紙税法
○令……………印紙税法施行令
○規則…………印紙税法施行規則
○租特法………租税特別措置法
○課税物件表…印紙税法別表第一　課税物件表
○通則…………印紙税法別表第一　課税物件表の適用に関する通則
○基通…………印紙税法基本通達
○基通別表一…印紙税法基本通達別表第一　課税物件、課税標準及び税率の取扱い
○基通別表二…印紙税法基本通達別表第二　重要な事項の一覧表

第1章

印紙税に関する基本的な事項

1 文書の意義

(1) 印紙税とは

印紙税とは、主として日常の経済取引に伴って作成される契約書等の文書を作成した場合に、印紙税法に基づき、その文書に対して課される税金です。

したがって、印紙税は文書を作成しなければ課税されることなく、逆に一つの取引に際して契約書等を数通、数回作成すれば、何通、何回でも課税されることとなります。

課税される文書は、印紙税法別表第一の課税物件表に掲げる20種類の文書とされており、これらの文書に当てはまらない文書は課税されません。

また、印紙税は、原則として課税文書を作成した人がその課税文書に収入印紙を貼付し、これに消印する方法によって納付する税金です。

いくらの収入印紙を貼付するかは、納税義務者である文書の作成者が自主的に納付税額を算出する、自主納税方式がとられています。

収入印紙を貼らなければならない文書に収入印紙が貼られていない場合であっても、その文書のもっている証明力には全く関係はありませんが、所定の納税がなされていない場合は、印紙税法上の責任追及として、過怠税として不足する印紙税額の３倍に相当する金額の徴収を受けることとなります。

ただし、自主的に印紙を貼っていなかったことを申し出た場合（印紙税の調査により過怠税の決定があるべきことを予知してされたものでない場合）の過怠税は、印紙税額の1.1倍となります。

また、過怠税は、その全額が法人税や所得税の計算における損金や必要経費には算入されませんので、納付もれとならないよう注意が必要です。

そのためにも、作成した文書が課税文書に当たるかどうか不安な場合は、事前に税務署においてひな形を持参し、確認をとっておくことが大事です。

なお、印紙は国の租税及び歳入金を納付する際に使用されていますが、収入印紙のほかに下記の印紙の種類があり、印紙を購入するに当たっては、その用途に応じた種類の印紙を購入することとなります。

印紙の種類（印紙をもって歳入金納付に関する法律第２条）

印紙	用途
収　入　印　紙	租税（印紙税、登録免許税）の納付、下記以外の手数料、罰金、科料、過料、訴訟費用等の納付
雇用保険印紙	保険料の納付
健康保険印紙	保険料の納付
自動車重量税印紙	租税（自動車重量税）の納付
自動車検査登録印紙	手数料の納付
特　許　印　紙	登録料、手数料の納付

その他、地方公共団体においては、収入証紙を手数料として使用しているケースがありますが、印紙と同様に用途は決められていますので購入の際には留意してください。

⑵　課税文書、非課税文書、不課税文書

【課税文書とは】

印紙税を納めなければならない文書のことで、下記の要件を満たす文書をいいます。

①　印紙税法別表第一の課税物件表の欄に掲げられている20種類の文書

② 当事者間において、課税事項を証明する目的で作成される文書

③ 課税物件表の物件名欄に掲げる文書のうち、法第５条（非課税文書）の規定により印紙税を課さないとされている文書以外の文書

【非課税文書とは】

非課税文書とは、法第５条（非課税文書）の規定により、印紙税を課さないとされている文書をいいます。

① 法別表第一の課税物件表の非課税物件の欄に掲げる文書

例）第１号文書、第２号文書については、記載された契約金額が１万円未満のもの、第17号文書については記載された受取金額が５万円未満のもの等

② 国、地方公共団体又は法別表第二に掲げる者が作成した文書

（参考）

印紙税法別表第二　非課税法人の表（第５条関係）（抜　粋）

名　　称	根　拠　法
株式会社国際協力銀行	会社法及び株式会社国際協力銀行法 （平成23年法律第39号）
株式会社日本政策金融公庫	会社法及び株式会社日本政策金融公庫法 （平成19年法律第57号）

③ 法別表第三に掲げる文書で、同表に掲げる者が作成した文書

（参考）

印紙税法別表第三　非課税文書の表（第５条関係）（抜　粋）

文　書　名	作　成　者
国庫金又は地方公共団体の公金の取扱いに関する文書	日本銀行その他法令の規定に基づき国庫金又は地方公共団体の公金の取扱いをする者
国民健康保険法に定める国民健康保険の業務運営に関する文書	国民健康保険組合又は国民健康保険団体連合会

④　特別の法律により非課税とされる文書

(参考)

例）健康保険法（大正11年4月22日法律第70号）

（印紙税の非課税）

第195条　健康保険に関する書類には、印紙税を課さない。

例）労働者災害補償保険法（昭和22年法律第50号）

第44条　労働者災害補償保険に関する書類には、印紙税を課さない。

【不課税文書とは】

「課税文書」にも「非課税文書」にも当てはまらない文書をいいます。
なお、以下の文書についても不課税文書となります。

①　同一法人内で作成する文書（基通59）

同一法人等の内部の取扱者間又は本店、支店及び出張所間等で、当該法人等の事務の整理上作成する文書は、課税文書に該当しないものとして取り扱われます（ただし、第3号文書又は第9号文書に該当する場合は、単なる事務整理上作成する文書には該当しないため、課税文書に該当します。）。

②　契約当事者以外の者に提出する文書（基通20）

契約当事者以外の者（例えば、監督官庁、融資銀行等でその契約に直接関与しない者をいい、消費貸借契約における保証人であるとか、不動産売買契約における仲介人等その契約に参加する者を含まない。）に提出又は交付する文書で、その文書に提出若しくは交付先が記載されているもの又は文書の記載文言からみて契約当事者以外の者に提出若しくは交付することが明らかなものについては、課税文書に該当しません。

（注）消費貸借契約における保証人、不動産売買における仲介人等は、課税事項の契約当事者ではありませんので、契約の成立等を証すべき文書の作成者とはなりません。

⑶　課税文書に該当するかどうかの判断

契約書等は、契約当事者間によって文書の名称、文言について自由に作成されることから、その内容は様々です。

したがって、作成した文書が課税文書に該当するかどうかについては、標題等にとらわれることなく、その文書に記載又は表示されている個々の内容について判断することとし、単に文書の名称又は呼称及び形式的な記載文言によることなく、その記載文言の実質的な意義に基づいて判断する必要があります。

なお、ここでいう記載文言の実質的な判断とは、その文書に記載又は表示されている文言、符号を基として、その文言や符号等を用いることについての関係法律の規定、当事者間における了解や、基本契約又は慣習等を加味し、総合的に行うことをいいます。

例えば、文書に記載されている単価、数量、記号等により、当事者間において契約金額が計算できるということであれば、それを記載金額とします。また、商品の納品書に「相済」、「領収」などと表示し、その「相済」、「領収」などの表示が商品代金を領収したことの当事者間の了解事項であれば、その文書は第17号文書（金銭の受取書）に該当することとなります。

【事例1】

標題は建物賃貸借契約書でも、金銭を受領した旨の記述がある場合

建物賃貸借契約書

○年○月○日

賃貸人○○○○（以下「甲」という。）と賃借人○○○○（以下「乙」という。）とは、建物の賃貸借に関して、次のとおり契約する。

第1条　賃貸借物件　○○○アパート　201号室
第2条　月額賃料　100,000円
第3条　敷　　金　乙は甲に対し敷金100,000円を支払うこととし、甲は本日受領した。なお、敷金については、契約期間終了後に乙に返還するものとする。

《以　下　省　略》

賃貸人　○○○○　㊞
賃借人　○○○○　㊞

事例1の「建物賃貸借契約書」をみると、建物の賃貸借に関する事項は、課税事項には該当しませんが、第3条の敷金の定めにおいて、甲は乙から敷金を契約当日に受領した旨の記載があります。この場合、借主（乙）が所持する文書については第17号文書（金銭の受取書）に該当することとなります。

なお、敷金は契約期間終了後、借主（乙）へ返還することとなっているため、第17号2文書（売上代金以外の金銭の受取書）に該当します。

【事例２】

納品の際に、売上代金をその場で領収した際に、納品書に領収のサインをした場合

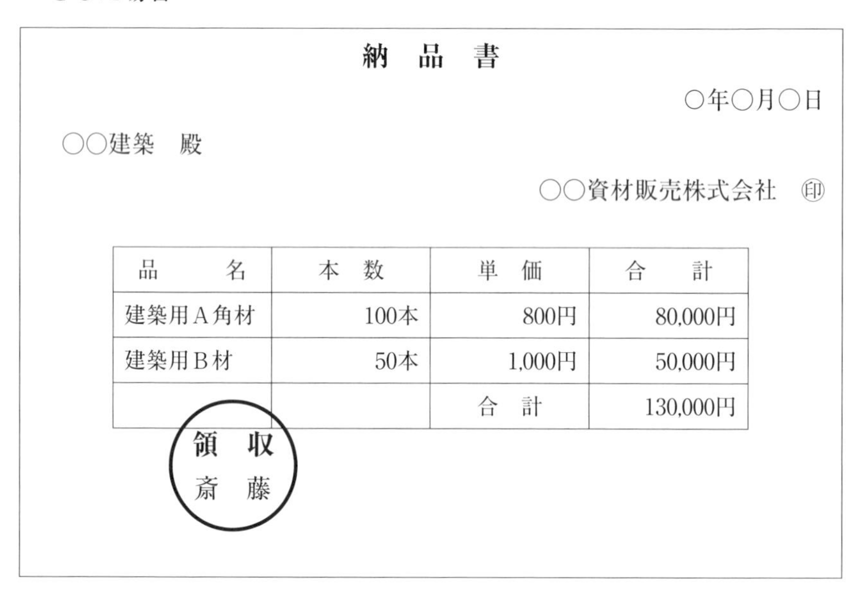

納　品　書

○年○月○日

○○建築　殿

○○資材販売株式会社　㊞

品　　名	本　数	単　価	合　　計
建築用Ａ角材	100本	800円	80,000円
建築用Ｂ材	50本	1,000円	50,000円
		合　計	130,000円

事例２の「納品書」をみると、資材を納品する際に納品の明細として渡すものであり、課税文書には該当しませんが、納品書には領収印が押され、その押印は売上代金を領収したことの当事者間の了解事項であれば、その文書は第17号の１文書（売上代金に係る金銭の受取書）に該当することとなります。

⑷　他の文書を引用している文書の判断

一の文書で、その内容に原契約書、約款、見積書その他当該文書以外の文書を引用する契約書を作成する場合がありますが、このような場合、引用元の文書の内容は引用先の文書に記載されているものとして文書の内容を判断することとされています。

ただし、契約金額、契約期間については、その文書に記載されている記載金額及び契約期間のみに基づいて判断します（第１号文書若しくは第２号文書又は第17号文書については、記載金額に関する特例があります。）。

【事　例】

注文請書（引用先文書）

○○商店株式会社殿
注文請書
○○店新築工事をお受けさせていただきます。
なお、工事内容、契約金額等につきましては○年×月△日付貴注文書番号第８号のとおりとさせていただきます。
○年○月×日
○○建設株式会社　㊞

注文書（引用元文書）

注文書番号第８号
○○建設株式会社殿
注文書
下記の内容を注文いたします。
１工事名　　○○店新築工事
２工　期　　○年○月～△年○月
３契約金額　6,000万円（税込）
○年×月△日
○○商店株式会社　㊞

上記の注文請書には注文書の内容を引用していることが、注文日、注文書番号から特定ができることから、引用されている文言は注文請書に記載されているものと判断します。したがって、第２号文書（請負に関する契約書）に該当し、記載金額は注文書から引用できることとなります。

【参　考】

◆　他の文書を引用している文書の取扱い

項　　目	引用元の文書	引用先の文書	
契約期間	すべての文書	すべての文書	引用できない
契約金額	課税文書、非課税文書	すべての文書	引用できない
	不課税文書	第１号文書、第２号文書	引用できる
契約期間、契約金額以外	すべての文書	すべての文書	引用できる

※　なお、第17号文書の契約金額については、受取金額の記載のある文書（有価証券、請求書、支払通知書等）を特定できる事項の記載があり、当事者間において売上代金に係る受取金額が明らかな場合は、その明らかである受取金額がその受取書の記載金額となります。

⑸　一の文書とは

印紙税の場合、一の文書であれば、その内容に課税物件表の２以上の号の課税事項が記載されている場合であっても、そのうちの一つの事項の文書として印紙税が課税されることとなります。

そのため、一の文書の範囲を特定させることは重要なことです。

判断基準は以下の要素が考えられます。

①　その形態からみて１通の文書と認められるものをいい

②　文書の記載証明の形式、紙数の単複は問いません

例１）１枚の用紙に２以上の課税事項が各別に記載されているものは一の文書となります。

（※　例えば一枚の用紙に消費貸借契約書にその借入金の受領事実を記載した場合等）

例２）　２枚以上の用紙が契印等により結合されているものは、一の文書となります。ただし、文書の形態、内容等からその文書を作成した後に切り離して行使又は保存することを予定していることが明らかなものは、それぞれ各別の一の文書となります。

（※　例えば、工事請負契約書と付属覚書が契印により結合された場合などは一の文書に該当します。）

また、１枚又は１つづりの用紙により作成された文書であっても、各別の課税事項を記載証明する部分の作成日時が異なる場合は、後から作成された部分については、法第４条第３項の規定により、新たな課税文書を作成したものとみなされて、印紙税が課税されることとなります。

【参　考】

◆　課税文書の作成とみなす場合等（法４③）

一の文書（別表第１第３号から第６号まで、第９号及び第18号から第20号までに掲げる文書を除く。）に、同表第１号から第17号までの課税文書（同表第３号から第６号まで及び第９号の課税文書を除く。）により証されるべき事項の追記をした場合又は同表第18号若しくは第19号の課税文書として使用するための付込みをした場合には、当該追記又は付込みをした者が、当該追記又は付込みをした時に、当該追記又は付込みに係る事項を記載した課税文書を新たに作成したものとみなす。

2 契約書の取扱い

(1) 印紙税法上の契約書とは

印紙税法上の契約書とは、契約証書、協定書、約定書その他名称のいかんを問わず、契約当事者の間において、契約（その予約を含みます。）の成立、更改又は内容の変更若しくは補充の事実を証明する目的で作成される文書をいいます。

したがって、解約合意書など、契約の消滅の事実のみを証明する目的で作成される文書は課税されません。

また、念書、請書その他契約の当事者の一方のみが作成する文書又は契約の当事者の全部若しくは一部の署名を欠く文書で、当事者間の了解又は商慣習に基づき契約の成立等を証することとされているものも印紙税法上の契約書に含むものとされています。

したがって、通常、契約の申込みという目的で作成される申込書などであっても、相手方の申込みに対する承諾の事実を証明する目的で作成される場合など、実質的に契約の成立等が証明されるものは、印紙税法上の契約書に該当することとなります。

① 契約とは……互いに対立する２個以上の意思表示の合致をいい、一方の申込みと他方の承諾によって成立する法律行為をいいます。

② 契約の予約……本契約を将来成立させることを約する契約をいいます。

予約契約書は、その成立させようとする本契約の内容に従って、課税文書に該当するかどうか判断します。

③ 契約の更改……契約によって既存の債務を消滅させて新たな債務

を成立させることをいいます。

また、更改契約書についての課税物件表の所属は、新たに成立する債務の内容に従って決定することとされます。

例）請負代金の支払債務を消滅させて、土地を給付する債務を成立させる契約書　→　第１号文書

④　契約の内容の変更……既に存在している契約の同一性を失わせないで、その内容を変更することをいいます。

なお、契約の内容の変更すべてが課税となるのではなく、変更契約書のうち、課税文書となるのは基通別表二に掲げる一定の重要事項を変更するものだけが課税の対象とされます。

⑤　契約の内容の補充……既に存在している契約（原契約）の内容として欠けている事項を補充することをいいます。

なお、補充契約書のうち、基通別表二に掲げる一定の重要事項を補充するものだけが課税の対象とされます。

⑵　申込書等と表示された文書の取扱い

一般的には申込書や注文書等は契約の申込みの事実を証明する目的で作成されているものであり、契約書には該当しませんが、相手方の申込みに対する承諾の事実を証明する以下のような場合は、契約書に該当します。

①　契約当事者の間の基本契約書、規約又は約款等に基づく申込みであることが記載されていて、一方の申込みにより自動的に契約が成立することとなっている場合における申込書等

ただし、契約の相手方当事者が別に請書等契約の成立を証明する文書を作成することが記載されている場合を除きます。

【事　例】

工　事　注　文　書

○年○月○日

株式会社○○建設　御中

○年○月○日付基本契約書第×条の規定に基づき、下記のとおり注文いたします。

《中　　略》

株式会社○○　代表取締役○○○○　㊞

【参　考】　基本契約書

○年○月○日

基　本　契　約　書

第１条　株式会社○○建設（以下甲という。）と株式会社○○（以下乙という。）は、今後発生する乙の各店舗等の補修工事にあたり、基本契約書を締結します。

《中　　略》

第○条　（補修工事単価）

補修工事の単価は工事内容により、添付資料１のとおりとします。

第×条　（契約の成立）

乙が注文書を甲に提出した時に契約は成立します。

《以　下　省　略》

②　見積書その他の契約の相手方当事者の作成した文書等に基づく申込みであることが記載されている申込書等

ただし、契約の相手方当事者が別に請書等契約の成立を証明する文書を作成することが記載されている場合を除きます。

【事　例】

> 工　事　注　文　書
>
> ○年○月○日
>
> 株式会社○○建設　御中
>
> ○年○月○日付貴見積書第10号に基づき、下記のとおり注文いたします。
>
> 《中　　略》
>
> 株式会社○○　代表取締役○○○○　㊞

【参　考】 見積書

> 工　事　見　積　書
>
> ○年○月○日
>
> 見積書第10号
>
> 株式会社○○　御中
>
> 株式会社○○建設
>
> 工事名　株式会社○○様　Ｄ店舗改修工事
>
> 工事金額　4,500,000円
>
> 《以　下　省　略》

③　契約当事者双方の署名又は押印があるもの

【事　例】

<table>
<tr><td>

工　事　注　文　書

○年○月○日

株式会社○○建設　御中

株式会社○○

代表取締役○○○○　㊞

下記のとおり注文いたします。

《中　　略》

株式会社○○建設　代表取締役○○○○　㊞

</td></tr>
</table>

⑶　仮契約書の取扱い

不動産の売買契約等において、当初仮契約を結び、その後本契約を締結する場合がありますが、このような場合には当初作成する「仮契約書」についても、印紙を貼る必要があります。

印紙税は文書税と言われているように、文書を作成する都度課税される税金であるため、１つの取引について数通の契約書が作成される場合であっても、仮契約と本契約の２回にわたって契約書が作成される場合においても、それぞれの契約書に印紙税が課されることとなります。

【参　考】

◆　後日、正式文書を作成することとなる場合の仮文書（基通58）

後日、正式文書を作成することとなる場合において、一時的に作成する仮文書であっても、当該文書が課税事項を証明する目的で作成するものであるときは、課税文書に該当する。

◆　仮受取書（基通別表１第17号文書３）

仮受取書等と称するものであっても、金銭又は有価証券の受領事実を証明するものは、第17号文書（金銭又は有価証券の受取書）に該当する。

⑷　契約書の写し、副本、謄本等と表示された契約書

一の契約において同一の内容の文書を２通以上作成した場合、その文書が印紙税の課税事項を証明する目的で作成された場合は、それぞれの文書が課税文書に該当します。

また、実際の取引において、写し、副本、謄本等と表示される場合があります。複写機による契約書の写し（コピー）については、正本等の単なる写しに過ぎないため、課税文書には該当しませんが、以下のような場合は課税文書に該当します。

① 契約当事者の双方又は一方の署名又は押印があるもの（ただし、文書の所持者のみが署名又は押印しているものを除きます。）。

② 正本等と相違ないこと、又は写し、副本、謄本等であることの契約当事者の証明（正本等との割印を含みます。）のあるもの（ただし、文書の所持者のみが証明しているものを除きます。）。

【事例１】　コピーに原本表示をした場合

（コピー）

不動産売買契約書

○年　○月　○日

第１条　売主○○○○と買主○○○○は不動産売買契約を締結する。

《　中　　略　》

売主　　○○○○　㊞

買主　　○○○○　㊞

原本と相違ありません。売主○○○○㊞　買主○○○○㊞

【事例２】 原本とコピーに契約当事者の割印をした場合

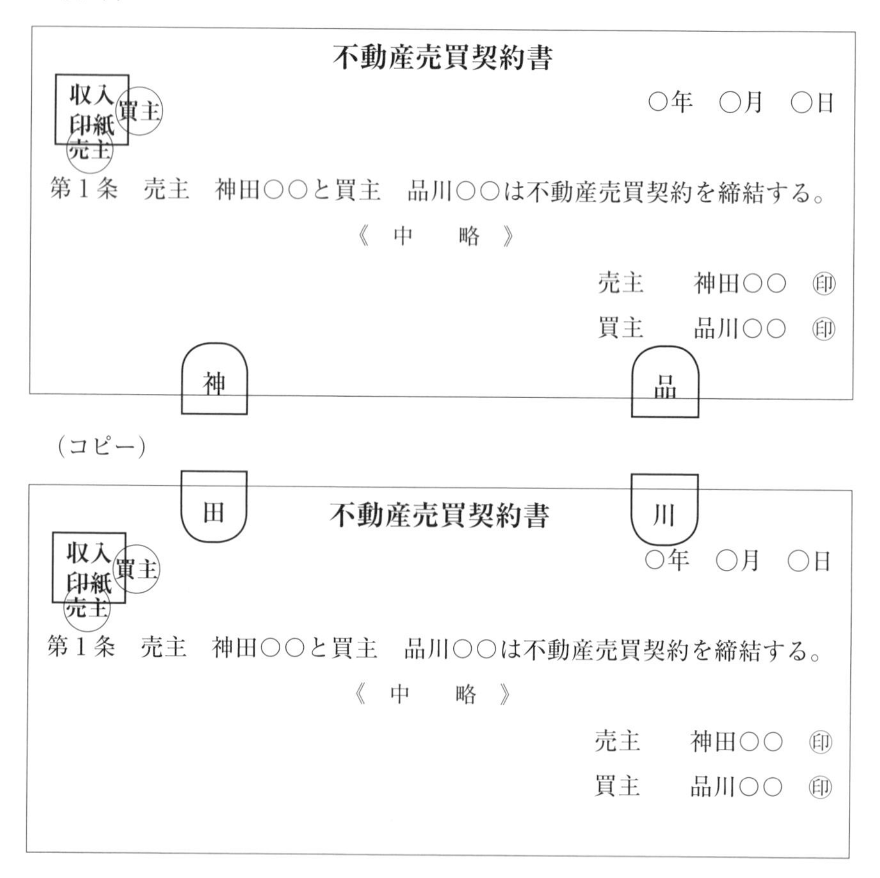

⑸ 電子取引により交わされた契約書等

工事注文請書等をファクシミリや電子メールにより送信した場合、印紙税の取扱いはどうなるのかというと、注文請書は、申込みに対する応諾文書であり、契約の成立を証するために作成するものといえますが、注文請書の調製行為を行ったとしても、その現物が交付されていない以上、課税文書を作成したことにはならず、印紙税の課税原因は発生しません。

したがって、文書の作成者が保管するファクシミリ送信用等の原本については相手方に交付されるものではないため、課税文書には該当しません。また、ファクシミリや電子メールで受信した者がプリントアウトした文書は、コピー文書と同様であり、課税文書としては取り扱われません。

ただし、ファクシミリや電子メールにて注文請書を送信した後に、改めて文書を郵送等により相手方に交付する場合には、その正本となる文書が、印紙税の課税対象となります。

【参　考】

◆　作成等の意義（基通44）

課税文書の「作成」とは、単なる課税文書の調製行為をいうのではなく、課税文書となるべき用紙等に課税事項を記載し、これを当該文書の目的に従って行使することをいう。

2　課税文書の「作成の時」とは、次の区分に応じ、それぞれ次に掲げるところによる。

⑴　相手方に交付する目的で作成される課税文書
→　当該交付の時

⑵　契約当事者の意思の合致を証明する目的で作成される課税文書　→　当該証明の時

⑶　一定事項の付け込み証明をすることを目的として作成される課税文書　→　当該最初の付け込みの時

⑷　認証を受けることにより効力が生ずることとなる課税文書
→　当該認証の時

⑸　第５号文書のうち新設分割計画書　→　本店に備え置く時

3 文書の所属の決定

印紙税は、課税物件表に掲げられている第１号から第20号の文書に対して課税され、所属によって印紙税額も変わってきます。したがって、何号文書に該当するかの判定（文書の所属の決定）は、印紙税額の算出において非常に重要です。

⑴　一の文書で課税事項に該当するものが単一の号の課税事項のみが記載されている場合……該当する課税事項の属する号の文書となります。

例）・土地の売買契約書（第１号の１文書）

・Ａ土地＋Ｂ土地の売買契約書　→　第１号の１文書

⑵　一の文書で課税事項が二以上あって、その課税事項が異なった号の課税事項である場合には、通則３の規定に従って選択した一つの号に属する文書となります。

通則３の規定は具体的には以下のとおりとなります。

①
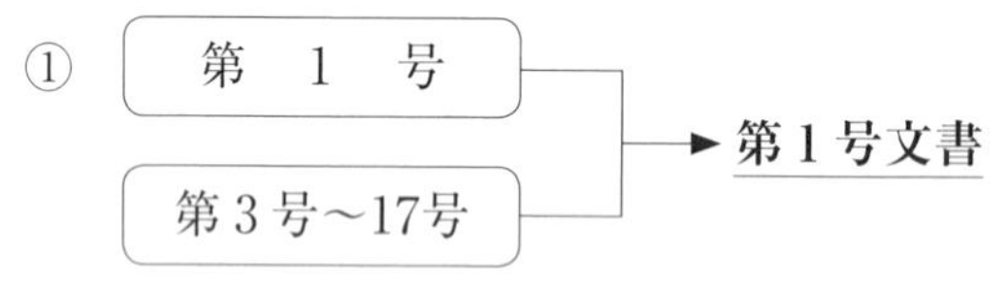

（注）③又は④に該当する文書を除く。

例）不動産及び売掛債権の譲渡契約書（第１号の１文書と第15号文書）
→　第１号の１文書

②
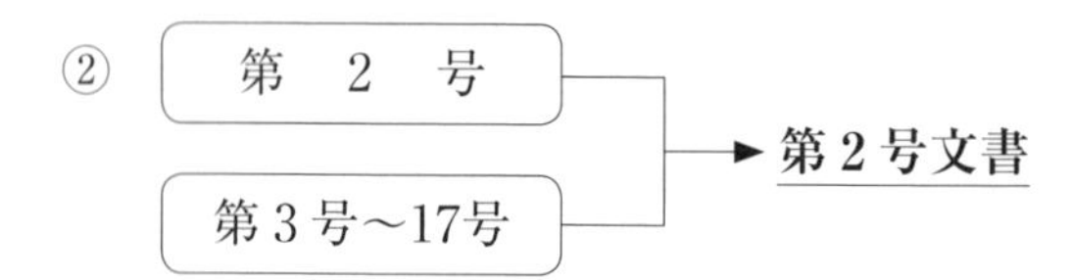

（注）③又は④に該当する文書を除く。

例）工事請負及びその工事の手付金の受領事実を記載した契約書（第2号文書と第17号の1文書）　→　第2号文書

③　契約金額の記載なし

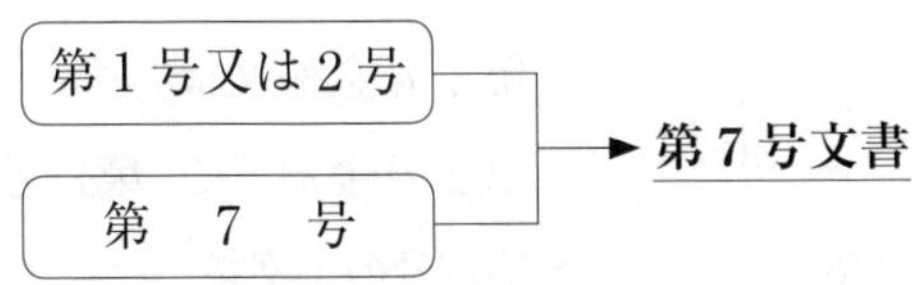

例1）継続する運送についての契約書で契約金額の記載のないもの（第1号の4文書と第7号文書）　→　第7号文書

例2）継続する請負についての契約書で契約金額の記載のないもの（第2号文書と第7号文書）　→　第7号文書

④イ　契約金額の記載なし

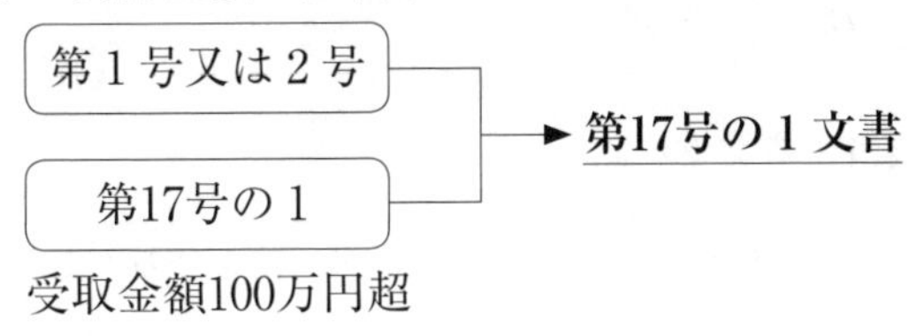

受取金額100万円超

例）工事請負契約及び受取書（工事請負契約の単価を定めることともに、手付金200万円の受領事実を記載した文書）（第2号文書と第17号の1文書）　→　第17号の1文書

④ロ　契約金額の記載あり

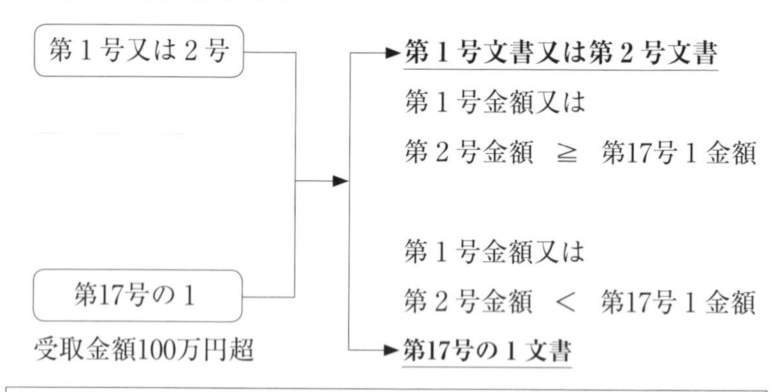

例）消費貸借契約及び受取書（売掛金800万円のうち600万円を領収し、残額200万円を消費貸借とする文書）（第１号の３文書と第17号の１文書）
→　第17号の１文書

⑤

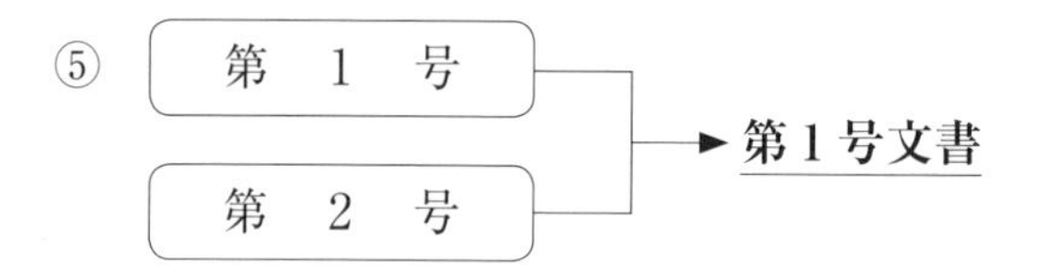

（注）⑥に該当する文書を除く。

例１）　機械製作及びその機械の運送契約書（第１号の４文書と第２号文書）
→　第１号の４文書

例２）　請負及びその代金の消費貸借契約書（第１号の３文書と第２号文書）
→　第１号の３文書

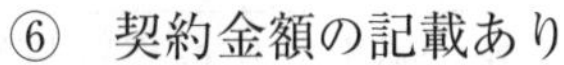
⑥　契約金額の記載あり

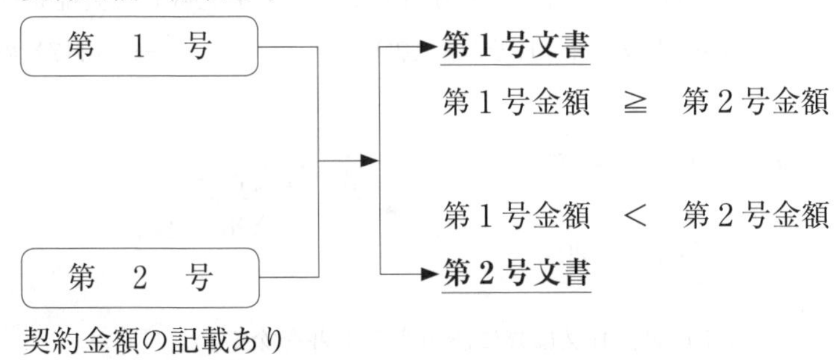

例１）機械製作及びその機械の運送契約書（機械製作費200万円、運送料10万円と区分されているもの）（第１号の４文書と第２号文書）　→　第２号文書 例２）請負代金200万円、うち100万円を消費貸借の目的とすると記載された契約書（第１号文書と第２号文書）　→　第２号文書

⑦

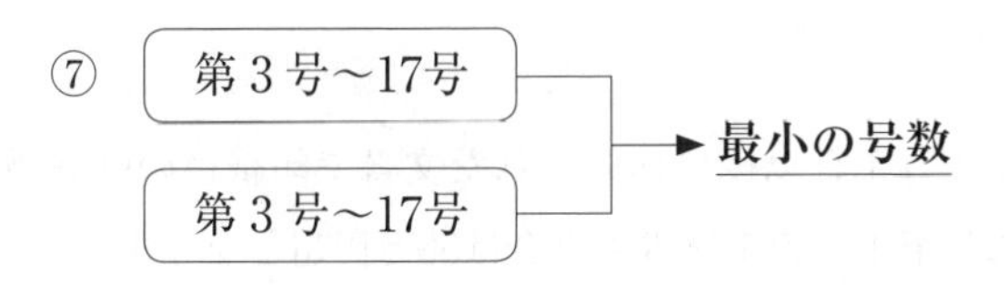

（注）⑧に該当する文書を除く。

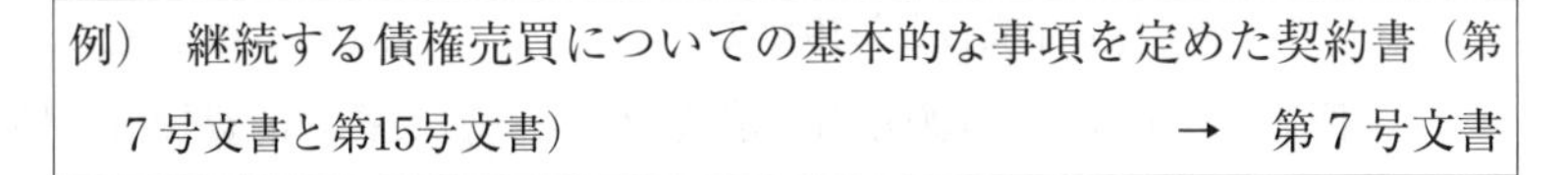
例）　継続する債権売買についての基本的な事項を定めた契約書（第７号文書と第15号文書）　→　第７号文書

⑧

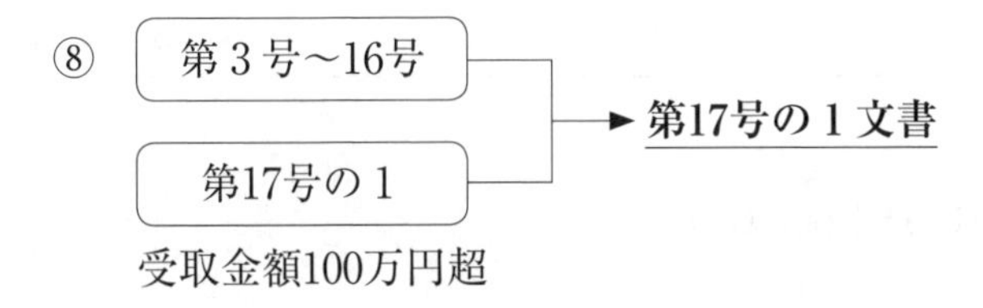

例）債権の売買代金200万円の受取事実を記載した債権売買契約書
（第15号文書と第17号の１文書）　→　第17号の１文書

⑨
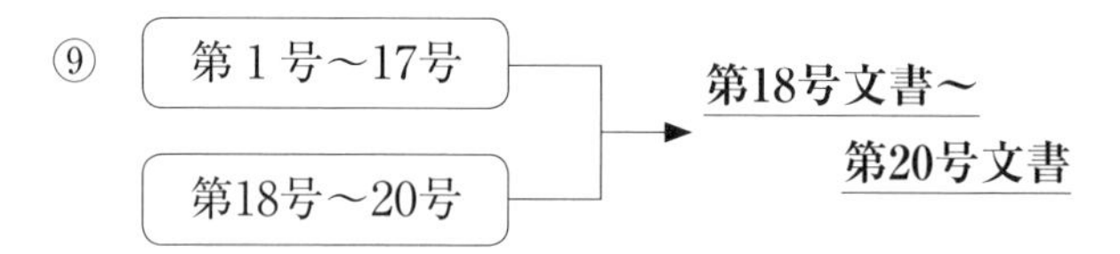

（注）⑩、⑪又は⑫に該当する文書を除く。

例）生命保険証券兼保険料受取通帳（第10号文書と第18号文書）
→　第18号文書

⑩　契約金額10万円超（注）
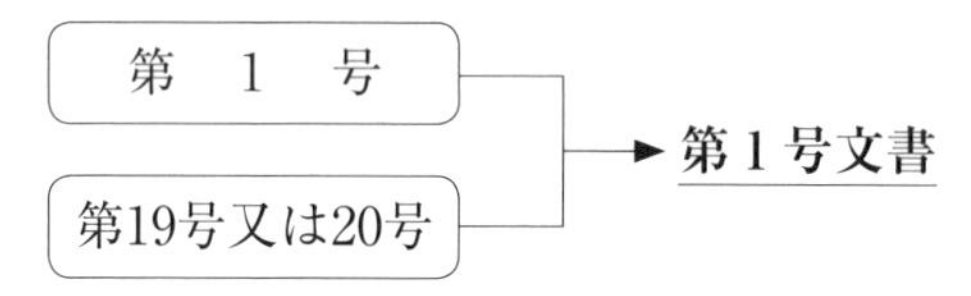

（注）平成26年４月１日以後に作成された文書で印紙税の軽減措置が適用される第１号の１文書の場合は50万円超となります。

例１）契約金額が500万円の不動産売買契約書とその代金の受取通帳
（第１号の１文書と第19号文書）　→　第１号の１文書
例２）契約金額が100万円の消費貸借契約書とその消費貸借に係る金銭の返還金及び利息の受取通帳（第１号文書と第19号文書）
→　第１号文書

⑪　契約金額100万円超（注）
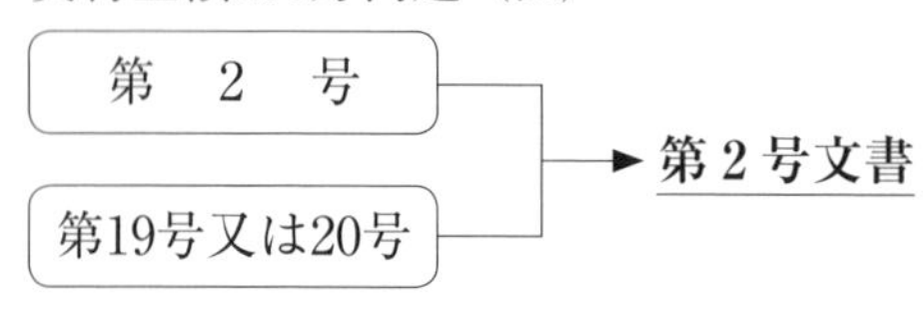

（注）平成26年４月１日以後に作成された文書で印紙税の軽減措置が適用される第２号文書の場合は200万円超となります。

例）契約金額が150万円の請負契約書とその代金の受取通帳（第２号文書と第19号文書）　→　第２号文書

⑫　契約金額100万円超

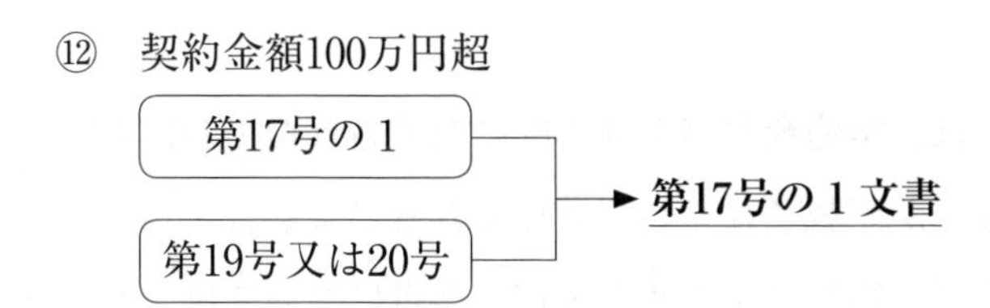

例）下請前払金200万円の受取事実を記載した請負通帳（第17号の１文書と第19号文書）　→　第17号の１文書

⑬

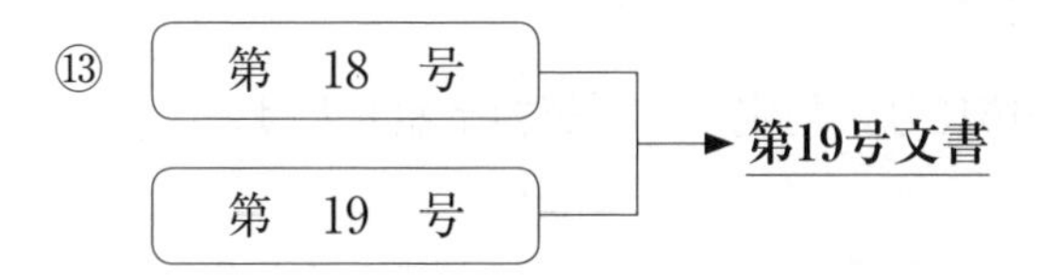

例）預貯金通帳と金銭の受取通帳が１冊となった通帳（第18号文書と第19号文書）　→　第19号文書

4 記載金額の判定

(1) 記載金額とは

課税文書の記載金額とは、原則その文書に記載されている金額をいいます。

この記載金額とは、契約金額等が具体的に記載された場合に限らず、単価、数量、記号等が記載されていて計算できる場合も含まれます。

また、第１号文書、第２号文書及び第17号文書については、その文書に金額その他の記載がなくても、他の文書を引用している場合などは記載金額のある文書となる場合があります。

【契約金額の例示】（基通23）

第１号、第２号及び第15号に規定する「契約金額」とは、下記のものをいいます。

① 第１号の１文書及び第15号文書のうちの債権譲渡に関する契約書……譲渡の形態に応じ、次に掲げる金額

イ 売買 売買金額

例）土地売買契約書において時価90万円の土地を80万円で売買すると記載 ⇒ （第１号文書） 80万円

※ 時価90万円は評価額であり、売買金額ではありません。

ロ 交換 交換金額

なお、交換契約書に交換対象物の双方の価額が記載されている時にはいずれか高い方の金額が、交換差金のみが記載されているときには交換差金が交換金額となります。

例）土地交換契約書において甲の所有する土地（価額200万円）

と乙の所有する土地（価額150万円）とを交換し、甲は乙に50万円支払うとしたもの　⇒（第1号文書）200万円

ハ　代物弁済　代物弁済により消滅する債務の金額

なお、代物弁済の目的物の価額が消滅する債務の金額を上回ることにより、債権者がその差額を債務者に支払うこととしている場合には、その差額を加えた金額となります。

例1）代物弁済契約書において借用金1,000万円の支払いに代えて土地を譲渡するとしたもの　⇒（第1号文書）1,000万円

例2）借用金200万円の支払いに代えて250万円相当の土地を譲渡するとともに、債権者は50万円を債務者に支払うとしたもの
⇒（第1号文書）250万円

ニ　法人等に対する現物出資　出資金額

ホ　その他　譲渡の対価たる金額

②　第1号の2文書……設定又は譲渡の対価たる金額

ここでいう「設定又は譲渡の対価たる金額」とは、賃貸料を除き、権利金その他名称のいかんを問わず、契約に際して相手方当事者に交付し、後日返還されることが予定されていない金額をいいます。したがって、後日返還されることが予定されている保証金、敷金等は契約金額には該当しません。

③　第1号の3文書……消費貸借金額

なお、消費貸借金額には利息金額は含みません。

④　第1号の4文書……運送料又は用船料

⑤　第2号文書……請負金額

⑥　第15号文書のうちの債務引受けに関する契約書……引き受ける債務の金額

【記載金額の計算】(基通24)

① 一の文書に同一の号の課税事項の記載金額が２以上ある場合……合計額が記載金額

例）１通の請負契約書にＡ工事300万円、Ｂ工事200万円と契約金額が記載されている場合　⇒（第２号文書）記載金額500万円

② 一の文書に、課税物件表の２以上の号の課税事項が記載されている場合

イ その記載金額をそれぞれの課税事項ごとに区分することができる場合……所属することとなる号の課税事項に係る記載金額

例）不動産及び債権の売買契約書：不動産600万円、債権300万円（第１号の１文書と第15号文書）

⇒（第１号の１文書）記載金額600万円

ロ その金額をそれぞれの課税事項ごとに区分できない場合……記載金額

例）不動産及び債権の売買契約書：不動産及び債権900万円（第１号の１文書と第15号文書）

⇒（第１号の１文書）記載金額900万円

③ 第17号の１文書で、記載金額を売上代金に係る金額とその他の金額とに区分できる場合……売上代金に係る金額

例）貸付金元本と利息の受取書：貸付金元本300万円、貸付金利息20万円（第17号の２文書と第17号の１文書）

⇒（第17号の１文書）記載金額20万円

④ 第17号の１文書で、記載金額を売上代金に係る金額とその他の金額とに区分することができない場合……記載金額

例）貸付金元金と利息の受取書：貸付金元本及び貸付金利息320万円（第17号の２文書と第17号の１文書）

⇒　（第17号の１文書）記載金額320万円

⑤　記載された単価及び数量、記号その他により記載金額を計算することができる場合……計算により算出した金額

例）物品加工契約書：Ａ加工単価1,000円、数量10,000個

⇒　（第２号文書）記載金額1,000万円

⑥　第１号文書又は第２号文書で、その文書に係る契約についての契約金額若しくは単価、数量、記号その他の記載のある見積書、注文書その他これらに類する文書（課税物件表の課税物件欄に掲げる文書を除きます。）の名称、発行の日、記号、番号その他の記載があることにより、当事者間において契約金額が明らかである場合又は契約金額の計算ができる場合……その明らかである金額又は計算により算出した金額

イ　契約金額が明らかな場合……注文書記載の請負金額

例）「請負金額は貴注文書第××号のとおりとする。」と記載されている工事請負に関する注文請書で、注文書に記載されている請負金額が300万円　⇒　（第２号文書）記載金額300万円

ロ　契約金額の計算をすることができる場合……注文書記載の数量、単価の計算により算出

例）「加工数量及び加工単価は貴注文書第××号のとおりとする。」と記載されている物品の委託加工に関する注文請書で、注文書に記載されている数量が１万個、単価が500円

⇒　（第２号文書）記載金額500万円

ハ　契約金額の計算ができない場合……引用元（委託加工基本契約書）が課税文書のため、加工料の引用ができない。

例）「加工数量は１万個、加工料は委託加工基本契約書のとおりとする。」と記載されている物品の委託加工に関する注文請書

⇒　（第２号文書）記載金額なし

⑦　第17号の１文書であって、受け取る有価証券の発行者の名称、発行の日、記号、番号その他の記載があることにより、当事者間において売上代金に係る受取金額が明らかである場合……その明らかである受取金額

例）物品売買代金の受取書：○○㈱発行のＮＯ．××の小切手と記載した受取書　⇒　（第17号の１文書）記載金額小切手の券面金額

⑧　第17号の１文書であって、受け取る金額の記載のある支払通知書、請求書その他これらに類する文書の名称、発行の日、記号、番号その他の記載があることにより、当事者間において売上代金に係る受取金額が明らかである場合……その明らかである受取金額

⑨　記載金額が外国通貨により表示されている場合……文書作成時の本邦通貨に換算した金額（文書作成時の基準外国為替相場又は裁定外国為替相場により換算）

例）契約金額10,000米ドルと記載したもの（平成30年５月作成文書）

⇒　記載金額106万円

※基準外国為替相場及び裁定外国為替相場：平成30年５月適用１米ドル106円

【無償等と記載されたものの取扱い】（基通35）

契約書等に「無償」又は「０円」と記載されている場合の当該「無償」又は「０円」は、その契約書等の記載金額に該当しないものとなります。

⑵　変更契約書の記載金額とは

契約金額を変更する際に作成する変更契約書の記載金額は、下記のと

おりとなります。

①　変更前の契約金額を記載した契約書が作成されていることが明らかであり、かつ、変更契約書に変更金額が記載されている場合

変更契約書に、変更前の契約金額の記載されている契約書が作成されていることが明らかであり、かつ、その変更契約書に変更金額（変更前の契約金額と変更後の契約金額の差額、すなわち契約金額の増減額）が記載されている場合（変更前の契約金額と変更後の契約金額の双方が記載されていることにより変更金額を明らかにできる場合を含みます）、以下のとおりとなります。

※　「契約書が作成されていることが明らか」とは、変更契約書に変更前の契約書の名称、文書番号又は契約年月日等の変更前の契約書を特定できる事項の記載があること又は変更前契約書と変更契約書とが一体として保管されていること等により、変更前契約書が作成されていることが明らかな場合をいいます。

イ　変更前の契約金額を増加させるものは、その増加額が記載金額となります。

例）土地売買変更契約書 ・○年○月○日付土地売買契約書の売買金額2,000万円を100万円増額すると記載した場合 ・○年○月○日付土地売買契約書の売買金額2,000万円を2,100万円に増額すると記載した場合 ⇒　ともに記載金額100万円の第１号の１文書となります。

ロ　変更前の契約金額を減少させるものは、記載金額のないものとなります。

> 例）土地売買変更契約書
> ・○年○月○日付土地売買契約書の売買金額2,000万円を100万円減額すると記載した場合
> ・○年○月○日付土地売買契約書の売買金額2,000万円を1,900万円に減額すると記載した場合
> ⇒　ともに記載金額のない第１号の１文書となります。

②　上記①以外の変更契約書

イ　変更後の契約金額が記載されているもの（変更前の契約金額と変更金額の双方が記載されていることにより変更後の契約金額が計算できるものも含まれます。）は、その変更後の契約金額が、その文書の記載金額になります。

> 例）土地売買変更契約書
> ・当初の売買金額2,000万円を100万円増額すると記載した場合
> ⇒　記載金額2,100万円の第１号の１文書となります。
> ・当初の売買金額2,000万円を100万円減額すると記載した場合
> ⇒　記載金額1,900万円の第１号の１文書となります。

ロ　変更金額のみが記載されている場合は、変更金額が記載金額となります。

> 例）土地売買変更契約書
> ・当初の売買金額を100万円増額すると記載した場合
> ・当初の売買金額を100万円減額すると記載した場合
> ⇒　ともに記載金額100万円の第１号の１文書となります。

③　自動更新の定めがある契約書で、自動更新後の期間について、契約金額を変更する場合

更新前の契約書は「変更前の契約金額が記載された契約書」には当たらないため、②と同様に変更後の契約金額が、その文書の記載

金額となります。

例）保守契約書

　当初の契約期間　2017年4月1日から2018年3月31日

　月額保守料　　　50万円

　双方異議がない場合はさらに1年延長すると記載されている場合

　更新後の2018年4月1日から2019年3月31日の月額保守料を70万円とする契約書の場合

　⇒　記載金額840万円（70万円×12ヶ月）の第2号文書となります。

5 印紙税額の軽減措置

第１号の１文書のうち、「不動産の譲渡に関する契約書」と第２号文書「請負に関する契約書」については、印紙税額の軽減措置が設けられています。

【第１号の１文書】

第１号の１文書に該当する「不動産の譲渡に関する契約書」のうち、平成９年４月１日～平成32年（2020年）３月31日までの間に作成されるものについては、契約書の作成年月日及び記載された契約金額に応じて印紙税額が軽減されています。
※ただし、契約金額のないものの印紙税額は、本則どおりの200円となります。

【第２号文書】

第２号文書の「請負に関する契約書」のうち、建設業法第２条１項に規定する建設工事に係る契約に基づき作成されるもので、平成９年４月１日～平成32年（2020年）３月31日までの間に作成されるものについては、契約書の作成年月日及び記載された契約金額に応じて印紙税額が軽減されます。
※ただし、契約金額のないものの印紙税額は、本則どおりの200円となります。

【建設業法第２条第１項に規定する建設工事の意義】

租特法第91条に規定する「建設業法第２条第１項に規定する建設工事」とは、同法別表の上欄に掲げるそれぞれの工事をいいますが、当該工事の内容は、昭和47年建設省告示第350号に定められています。

（注）建築物等の設計は、建設工事に該当しません。

【税率軽減措置の対象となる契約書の範囲】

租特法第91条の規定による税率軽減措置の対象となる文書に該当するか否かの判定に当たっては、次の点に留意します。

（注）文書の所属の決定及び記載金額の計算は、通則の規定により行うことに留意します。

⑴　次に掲げる契約書は租特法第91条の規定が適用されます。

イ　不動産の譲渡に関する契約書と当該契約書以外の課税物件表の第１号の物件名の欄１から４に掲げる契約書とに該当する一の文書で、記載金額が10万円を超えるもの

（例）建物及び定期借地権売買契約書（不動産の譲渡に関する契約書と土地の賃借権の譲渡に関する契約書）

ロ　建設工事の請負に係る契約に基づき作成される請負に関する契約書と建設工事以外の請負に関する契約書とに該当する一の文書で、記載金額が100万円を超えるもの

（例）　建物建設工事及び建物設計請負契約書

⑵　不動産の譲渡又は建設工事の請負に係る契約に関して作成される文書であっても、不動産の譲渡に関する契約書又は建設工事の請負に係る契約に基づき作成される請負に関する契約書に該当しないものは、租特法第91条の規定は適用されない。

例１）不動産の譲渡代金又は建設工事代金の支払のために振り出す課税物件表の第３号に掲げる約束手形

例２）不動産の譲渡代金又は建設工事代金を受領した際に作成する課税物件表の第17号に掲げる売上代金に係る金銭又は有価証券の受取書

6 納税義務の成立及び納税義務者

(1) 課税文書作成の時及び作成者とは

印紙税の納税義務は、課税文書を作成した時に成立し、課税文書の作成者が、その作成した課税文書について印紙税を納める義務があります。

また、不動産売買契約書のように売主、買主の間で共同して作成した場合には、売主買主共に、その作成した課税文書について、連帯して印紙税を納める義務があります。
そのうちの一者が課税文書に係る印紙税を納めたときには、他の者の納税義務は消滅します。

【課税文書の作成の時】(基通44)

課税文書の作成の時とは、下記の区分により以下のとおりです。

区　　分	作成の時	文書例
相手方に交付する目的で作成される課税文書	交付の時	受取書、請書、差入書等
契約当事者の意思の合致を証明する目的で作成される課税文書	証明の時	契約書、協定書、覚書等
一定事項の付け込み証明をすることを目的として作成される課税文書	最初の付け込みの時	預貯金通帳、その他の通帳、判取帳
認証を受けることにより効力が生ずることとなる課税文書	認証の時	定款
第5号文書のうち新設分割計画書	本店に備え置く時	新設分割計画書

【課税文書の作成者】（基通42、43）

課税文書の作成者は、原則としてその文書に記載されている作成名義人が作成者となります。ただし、法人等の役員又は従業員がその法人等の業務又は財産に関して作成する場合、役員又は従業員が作成名義人となっていても、その法人等が作成者となります。

また、委任に基づく代理人が、委任の事務の処理において、代理人名義で作成する課税文書については、以下のとおりです。

① 代理人の名義で作成されている場合は、たとえ、委任者の名義が表示されている場合でも、代理人が作成者となります。

② 代理人が作成する課税文書であっても、委任者の名義のみが表示されている文書は、その委任者が作成者となります。

【印紙税の負担者】（基通47）

先に納税義務は課税文書を作成した時に成立し、課税文書の作成者が、その作成した課税文書について印紙税を納める義務があると記載しました。例えば甲と乙の双務契約の場合、通常２通作成して甲乙各１通ずつ保管していることが多いですが、その際の印紙税の負担は連帯して行うこととされています。すなわち、どちらが印紙税を負担してもよく、双方が納得していれば負担割合に関しても自由に決めることができます。

⑵　納税地

収入印紙による納付に係る納税地は、作成場所が明らかにされている場合にはその作成場所が納税地となり、作成場所が明らかにされていない場合の納税地は以下のとおりです。

なお、「作成場所が明らかにされている」とは、その文書に、「作成地：東京都中央区京橋」などと記載することにより、いずれの税務署の管轄区域内かを判断できる作成場所が記載されている場合をいいます。したがって、「作成地：東京都」や「本店にて作成」として記載されたものはこれには該当しません。

○作成場所が明らかにされていない場合の納税地

1　相手方に交付する目的で作成される課税文書（注文請書、領収書等）

所在地等の記載内容		納　税　地
作成者の所在地が記載されていない場合		作成者の本店所在地
作成者の所在地が記載されている場合	住所・本店所在地のみ記載されている	記載された住所・本店所在地
	事務所等の所在地のみ記載されている	記載された事務所等の所在地
	住所・本店所在地及び事務所等の所在地が記載されていて、事務所等を作成場所と推定できるとき	記載された事務所等の所在地

【事例１】事務所等の所在地の記載あり

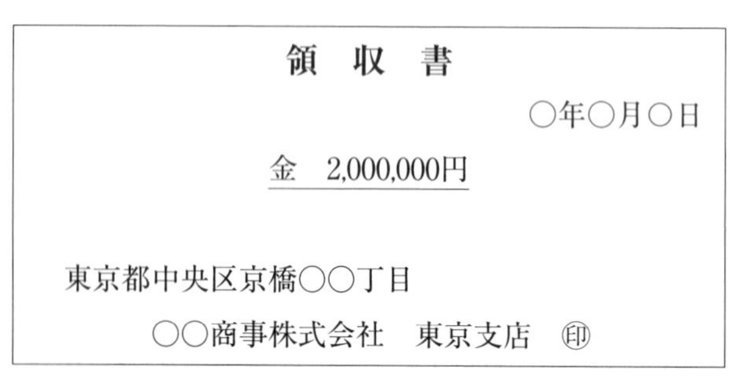

領　収　書

○年○月○日

金　2,000,000円

東京都中央区京橋○○丁目

○○商事株式会社　東京支店　㊞

※　領収書に記載されている「東京都中央区京橋」（京橋税務署管轄内）が納税地となります。

【事例２】事務所等の所在地の記載なし

> **領　収　書**
>
> ○年○月○日
>
> 金　2,000,000円
>
> ○○商事株式会社　東京支店　㊞

※　領収書に所在地の記載がありませんので、○○商事株式会社の本店所在地が納税地となります。

2　契約当事者の甲と乙との共同作成の課税文書（請負契約書等）

所　持　内　容	納　税　地
甲が所持しているもの	甲の所持場所
乙が所持しているもの	乙の所持場所
作成者以外の契約当事者が所持しているもの（不動産売買の仲介人等）	先に記載した甲又は乙の所在地等

【事例１】不動産売買契約書（甲、乙の契約の場合）

> **不動産売買契約書**
>
> ○年○月○日
>
> ○○○○（甲）と○○○○（乙）は不動産売買契約を締結する。
>
> 《中　　略》
>
> 甲（売主）　東京都中央区京橋○○丁目
>
> ○○○○　㊞
>
> 乙（買主）　神奈川県横浜市西区○○町○○丁目
>
> ○○○○　㊞

※　契約書に記載されている所在地に関わらず、甲、乙それぞれ保管されている場所が納税地となります。

【事例２】不動産売買契約書（仲介人である丙の所持する契約書）

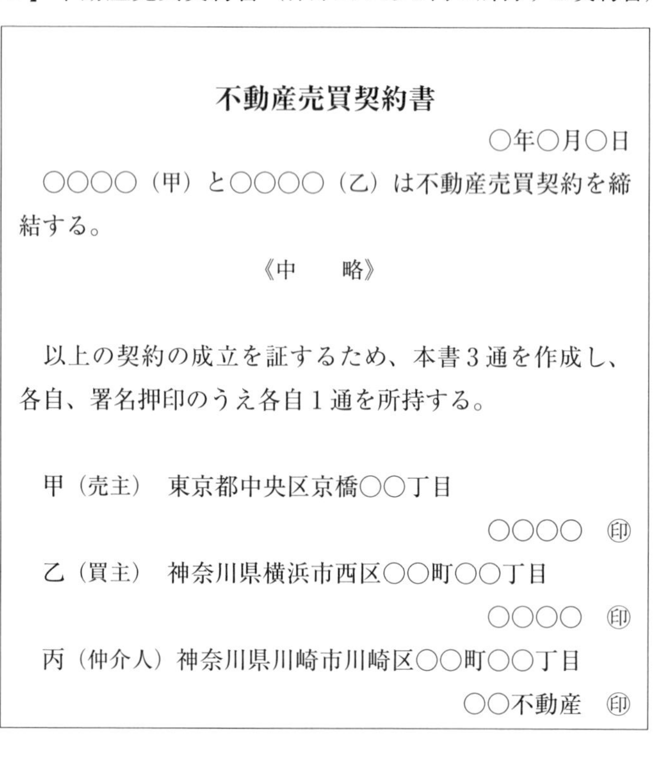

不動産売買契約書

○年○月○日

○○○○（甲）と○○○○（乙）は不動産売買契約を締結する。

《中　　略》

以上の契約の成立を証するため、本書３通を作成し、各自、署名押印のうえ各自１通を所持する。

甲（売主）　東京都中央区京橋○○丁目

○○○○　㊞

乙（買主）　神奈川県横浜市西区○○町○○丁目

○○○○　㊞

丙（仲介人）神奈川県川崎市川崎区○○町○○丁目

○○不動産　㊞

※　甲、乙が所持している契約書はそれぞれ保管されている場所が納税地となり、作成者以外の丙（仲介人）が所持する文書は先に記載されている甲の所在地となります。

注）「所在地」……課税文書に作成者の本店、支店、工場等の名称が記載されていて、いずれの税務署の管轄区域内か判断できる程度の所在地があるものをいいます。

甲の所在地が記載されていない場合は、甲の住所等となります。

⑶　国外で作成された契約書

印紙税法は日本の国内法であり、その適用地域は日本国内に限られます。したがって、作成場所が国内で作成されたか、国外で作成されたかにより課税関係が変わってきます。

作成の場所が国内か国外かの判断は、文書の作成の時を基準として行うこととなります。

例）Ａ社（国内）とＢ社（Ｃ国の法人）の間で不動産の売買契約を締結

①　Ａ社（国内）の社員がＣ国へ出向き、そこで両社署名押印して契約

⇒　法施行地外において作成のため不課税文書

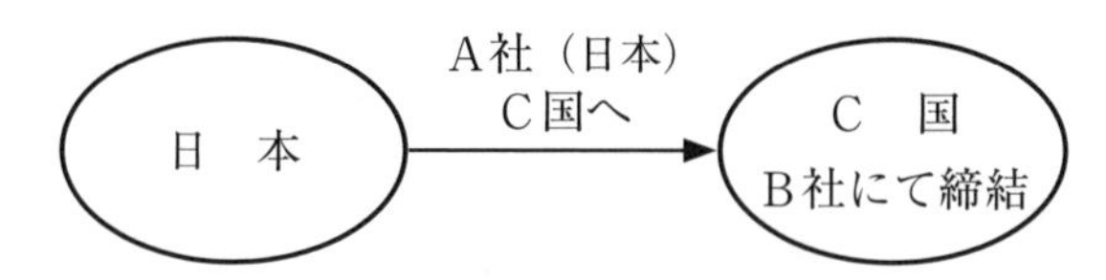

②　Ａ社（国内）にＢ社の社員が来て、国内において両社署名押印して契約

⇒　国内において作成のため課税文書

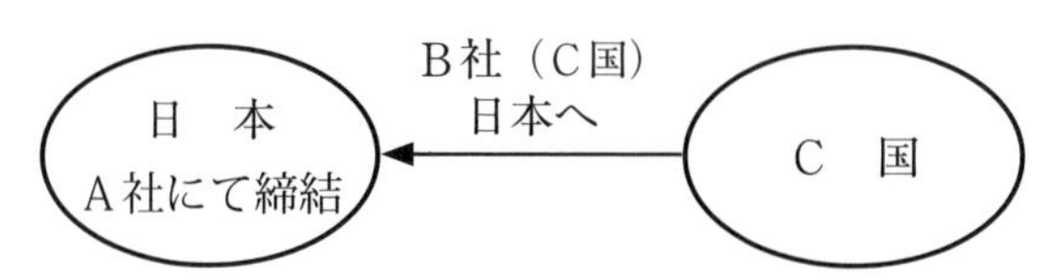

③　Ａ社において２通にＡ社の署名押印をし、Ｃ国のＢ社へ送付。Ｂ社において最終署名押印をし、そのうち１通がＡ社あてに返送された。

⇒　法施行地外において作成のため不課税文書

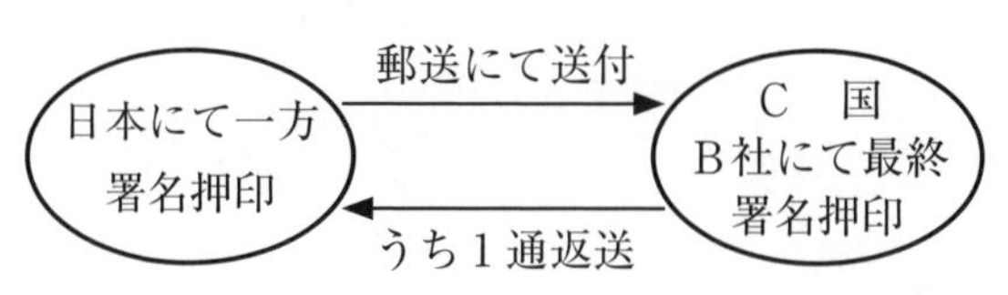

※　法施行地外において作成のため、不課税文書となる場合においては国外で作成されたことを明らかにしておかなければいけません。

社員が国外に出向き作成した場合は、出張等の事跡がわかるものを契約書とともに保管しておくとか、郵送の場合は郵便記録などを保管しておく等の証拠を残しておきます。

また、契約書に作成地を国外所在地として記載しても、実際には国内において作成している場合は国内作成となりますので留意してください。

7 印紙税の納付方法

(1) 収入印紙による納付（基通64、65）

印紙税を納付する場合には、課税文書に収入印紙を貼付し、消印を行うことによって納付する方法が原則です。

消印の方法は、自己又はその代理人、使用人その他の従業者の印章又は署名により、印紙を消さなければならないとされています。

この場合の印章とは、通常印判といわれているもののほか、氏名、名称などを表示した日付印、役職名・名称などを表示したゴム印のようなものでも差し支えありません。

ただし、㊞と表示したり単に斜線を引いたりしても印章や署名にはあたらないことから、消印したことにはなりません。

×　悪い例

収入印紙

㊞

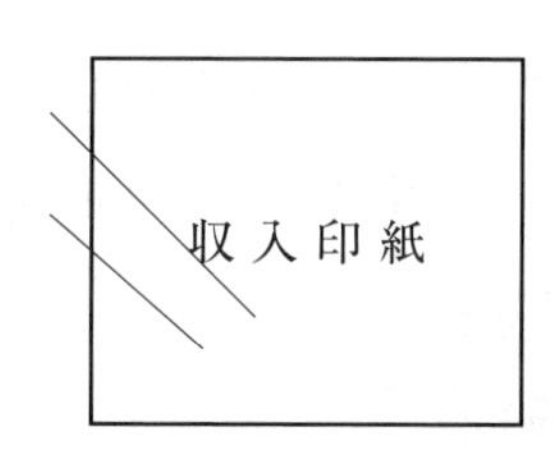

なお、甲乙等の共同にて作成した契約書の消印については、作成者のうちの一の者が消印することとしても差し支えないとされています。

(2) 税印押なつによる納付（法9）

課税文書が一時的に多量に作成されるような場合に、個々に印紙を貼るわずらわしさを避けるために設けられた手続きです。

その方法は、税印押なつ機を設置している税務署（全国で118署）の税務署長に対し、あらかじめ印紙税を金銭にて納付し、税印を押すものです。

〔税印〕

直径40ミリメートル

⑶　印紙税納付計器の使用による納付（法10）

課税文書を多量に作成する事業所においては、印紙を常時多量に購入保管しておかなければならず、管理面からも手数がかかることから、事務負担を軽減させるために利用されている手続きです。

その方法は、印紙税納付計器（国税庁長官の指定を受けている計器で納付印が付いているものをいいます。）をその設置しようとする場所の所在地の所轄税務署長の承認を受けて設置した場合に、相当印紙を貼ることに代えて、あらかじめ納付した金額を限度として、印紙税納付計器により納付印を押すことにより納付する方法です。

縦26ミリメートル
横22ミリメートル

甲　縦26ミリメートル
　　横22ミリメートル
乙　縦28.6ミリメートル
　　横24.2ミリメートル

⑷　書式表示による納付（法11）

領収書等のように毎月継続して多量に作成されるものなどは、一定の要件のもと課税文書を作成しようとする場所の所在地の所轄税務署長の承認を受けて、金銭でその文書に係る印紙税を納付する手続きです。

承認が受けられる主な要件は以下のとおりです。

① 様式又は形式が同一である

② 作成される課税文書が次のいずれかに該当すること

・毎月継続して作成されることとされているもの

・特定の日に多量に作成されることとされているもの

③ 文書作成の事実が後日においても明らかにされているもの

④ 承認を受けた場合、次のいずれかの表示をすること

縦17ミリメートル以上　横15ミリメートル以上

印紙税申告納
付につき
税務署承認済

縦15ミリメートル以上　横17ミリメートル以上

印紙税申告納
付につき
税務署承認済

⑸　預貯金通帳等に係る一括納付による納付（法12）

預貯金通帳等は１年以上に渡って使用すると１年区切りで１冊の通帳を作成したとみなすとされています。

ただ、預貯金通帳は作成数量も多く、常に１年経過分を把握するのは煩雑です。そのため、納付の特例として、特定の預貯金通帳等を作成し

ようとする場所の所在地の所轄税務署長の承認を受けて、金銭でその預貯金通帳等に係る印紙税を一括して納付する手続きです。

承認を受けるためには、申請書をその年の２月16日～３月15日までの期間に税務署長に提出する必要があります（なお、平成30年４月１日以後に作成する預貯金通帳等については、従来の申請の内容に変更がない場合には、再度、承認申請書を提出することを要しないこととされました。）。また、４月１日現在の口座数をもとに４月末日までに納税申告書を税務署長に提出し、納付することとなります。

8 印紙税の還付等

印紙税を納付する必要がない文書に誤って収入印紙を貼り付けて印紙税を納付してしまった場合や、所定の金額を超える収入印紙を貼付してしまった場合等は過誤納金として印紙税の還付の対象となります。

(1) 誤って納付した印紙税の還付

① 還付を受けられる範囲（基通115）

イ　印紙税の納付の必要がない文書に誤って印紙を貼り付け（印紙により納付することとされている印紙税以外の租税又は国の歳入金を納付するために文書に印紙を貼り付けた場合を除きます。）、又は納付印を押した場合

ロ　印紙を貼り付け、税印を押し、又は納付印を押した課税文書の用紙で、損傷、汚染、書損その他の理由により使用する見込みのなくなった場合

ハ　印紙を貼り付け、税印を押し、又は納付印を押した課税文書で、納付した金額が相当金額を超える場合

ニ　税印による納付の特例、書式表示による申告及び納付の特例、又は預貯金通帳等に係る申告及び納付の特例の規定の適用を受けた課税文書について、これらに定められた納付以外の方法によって相当金額の印紙税を納付した場合

ホ　税印による納付の特例を受けるために印紙税を納付したものの、税印の請求をしなかったとき、又は請求が棄却された場合

ヘ　印紙税納付計器の設置者が、承認を受けずに、交付を受けた課税文書に納付印を押した場合

ト　印紙税納付計器の使用による納付の特例を受けるため印紙税を納付した場合において、印紙税納付計器の設置の廃止その他の理由により印紙税納付計器を使用しなくなった場合

②　還付請求権の消滅時効（基通118）

国税に係る過誤納金の国に対する請求権は、その請求をすることができる日から５年を経過することによって消滅します。

したがって、例えば印紙納付の場合であれば印紙を貼り付けた日から５年以内に請求することとなります。

③　手続方法

文書の種類、納付税額などを記載した「印紙税過誤納確認申請（充当請求）書」（３枚複写）、過誤納となっている文書を、納税地の所轄税務署長に提出し、印紙税の過誤納の事実の確認を経て、還付（充当）を受けることとなります。

⑵　未使用の収入印紙の処理

金額の異なる収入印紙を誤って購入した場合や、収入印紙を購入したものの、使用する見込みがないものなどは郵便局において、他の収入印紙と交換することができる制度が設けられています。

その場合、郵便局の窓口において交換手数料（交換しようとする収入印紙１枚当たり５円）を支払い、他の印紙と交換することとなります。

また、文書に貼り付けた収入印紙の交換を郵便局に請求するために、その収入印紙の貼付けが印紙税の納付のためにされたものではないことの確認を受けようとする場合には、「印紙税法第14条不適用確認請求書」と確認を受けようとする文書を、最寄りの所轄税務署に提出し、確認を受けることになります。したがって、税務署に未使用の収入印紙を持参しても交換・払戻しの対象とはなりません。

9 過怠税

収入印紙を貼り付ける方法によって印紙税を納付することとなる文書に、課税文書の作成者がその納付すべき印紙税を課税文書の作成の時までに納付しなかった場合等は、過怠税が徴収されます。

【過怠税の種類】

(1)　相当印紙の納付がない場合

納付しなかった印紙の金額とその２倍に相当する額の合計額（印紙税額の３倍）に相当する過怠税が徴収されます。

(2)　税務調査等により過怠税の決定があることを予知されたものでなく、作成者が自主的に所轄税務署長に対して不納付の事実を申し出た場合

納付しなかった印紙税額とその10％に相当する額の合計額（印紙税額の1.1倍）に相当する過怠税が徴収されます。

(3)　貼り付けた収入印紙に消印をしなかった場合

消印しなかった印紙の額面金額と同額の過怠税が徴収されます。

※　なお、自主的に申し出た不納付に係る過怠税を除き、過怠税の合計金額が1,000円に満たない時には1,000円となります。

【法人税、所得税における処理】

過怠税については、不納付となっている税額の相当額を含めて、その全額が法人税法上の「損金」又は所得税法上の「必要経費」には算入されません。

（法人税法第38条第１項第２号、所得税法第45条第１項第３号）

第2章

課税物件

1 第１号の１文書

不動産、鉱業権、無体財産権、船舶若しくは航空機又は営業の譲渡に関する契約書

（主な文書例）

不動産売買契約書、不動産交換契約書、不動産売渡証書など

（主な非課税文書）

契約金額の記載のある契約書（課税物件表の適用に関する通則３イの規定が適用されることによりこの号に掲げる文書となるものを除く。）のうち、契約金額が１万円未満のもの

（軽減税率）

第１号の１文書のうち、「不動産の譲渡に関する契約書」に該当する文書については、平成９年４月１日～平成32年（2020年）３月31日までの間に作成されるものについては、印紙税額が軽減されています。

【不動産とは】

印紙税法における「不動産」とは、民法第86条において土地及び土地の定着物と規定されています。そのほか法律の規定によって不動産とみなされるもの並びに鉄道財団や軌道財団並びに自動車交通事業財団を含めるとされています（基通別表一第１号の１文書１）。

【不動産の従物】

不動産とその附属物の価額をそれぞれ区分して記載している場合の取扱いは、以下のとおりです（基通別表一第１号の１文書２）。

⑴　附属物がその不動産に対して従物（民法第87条《主物及び従物》の規定によるものをいいます。）の関係にある場合は、区分されている金額の合計額が第１号の１文書の記載金額となります。

⑵　附属物がその不動産に対して従物の関係にない場合には、不動産に係る金額のみを第１号の１文書の記載金額とし、附属物に係る金額は第１号の１文書の記載金額とはなりません。

【解体撤去を条件とする不動産の売買契約書】

老朽建物等の不動産を解体撤去することを条件として売買する場合に作成する契約書で、その売買価額がその不動産の解体により生ずる素材価額相当額又はそれ以下の価額である等、その不動産の構成素材の売買を内容とすることが明らかなものについては、課税文書に該当しないことと取り扱われます（基通別表一第１号の１文書３）。

【不動産の売渡証書】

不動産の売買において、当事者の双方において売買契約書を作成し、その後更に登記の際に作成する不動産の売渡証書は、第１号の１文書に該当します。

なお、この場合の不動産の売渡証書に記載される登録免許税の課税標準たる評価額は、その文書の記載金額には該当しません（基通別表一第１号の１文書４）。

【不動産と動産との交換契約書の記載金額】

不動産と動産との交換を約する契約書は、第１号の１文書に該当し、記載金額については以下のとおりとなります（基通別表一第１号の１文書５）。

⑴　交換に係る不動産の価額が記載されている場合（動産の価額と交換差金とが記載されている等その不動産の価額が計算できる場合を含みます。）は、不動産の価額を記載金額とします。

⑵　交換差金のみが記載されていて、交換差金が動産提供者によって支払われる場合は、交換差金を記載金額とします。

⑶　⑴又は⑵以外の場合は、記載金額がないものとされます。

【不動産の買戻し約款付売買契約書】

買戻し約款のある不動産の売買契約書の記載金額の取扱いは、以下のとおりです（基通別表一第１号の１文書６）。

⑴　買戻しが再売買の予約の方法によるものである場合には、その不動産の売買に係る契約金額と再売買の予約に係る契約金額との合計金額が記載金額となります。

⑵　買戻しが民法第579条《買戻しの特約》に規定する売買の解除の方法によるものである場合には、不動産の売買に係る契約金額のみが記載金額となります。

【共有不動産の持分の譲渡契約書】

共有不動産の持分の譲渡契約書は、第１号の１文書に該当するものと取り扱われます（基通別表一第１号の１文書７）。

【遺産分割協議書】

相続不動産等を各相続人に分割することについて協議する場合に作成する遺産分割協議書については、単に共有遺産を各相続人に分割することを約するだけであって、不動産の譲渡を約するものではないことから、第１号の１文書には該当しません（基通別表一第１号の１文書８）。

【無体財産権とは】

無体財産権とは、一般的に物権、債権を除いたところの財産権とされていますが、印紙税における無体財産権とは、特許権、実用新案権、商標権、意匠権、回路配置利用権、育成者権、商号及び著作権の８種類に限られています。

したがって上記以外の無体財産権について、譲渡契約書を作成しても、課税文書にはあたりません。

【営業の譲渡とは】

「営業の譲渡」とは、営業活動を構成している動産、不動産、債権、債務等を包括した一体的な権利、財産としてとらえられる営業の譲渡をいい、その一部の譲渡も含みます（基通別表一第１号の１文書22）。

（注）営業譲渡契約書の記載金額は、その営業活動を構成している動産及び不動産等の金額をいうのではなく、その営業を譲渡することについて対価として支払われるべき金額をいいます。

2 第１号の２文書

地上権又は土地の賃借権の設定又は譲渡に関する契約書

（主な文書例）
　土地賃貸借契約書、土地賃料変更契約書など

（主な非課税文書）
　契約金額の記載のある契約書（課税物件表の適用に関する通則３イの規定が適用されることによりこの号に掲げる文書となるものを除く。）のうち、契約金額が１万円未満のもの

【地上権とは】

他人の土地において、工作物又は竹木を所有するためにその土地を使用収益することを目的とした用益物権で、民法第265条、同法第269条の２に規定されています（基通別表一第１号の２文書１）。

【土地の賃借権とは】

土地の賃借権とは、民法第601条に規定する賃貸借契約に基づき賃借人が土地（地下又は空間を含みます。）を使用収益できる権利をいい、借地借家法に規定する借地権に限りません（基通別表一第１号の２文書２）。

【地上権、賃借権、使用貸借権の区分】

地上権であるのか土地の賃借権又は使用貸借権であるかが判明しない場合には、土地の賃借権又は使用貸借権として取り扱います。

なお、土地の賃借権と使用貸借権との区分については、土地の使用収

益においてその対価を支払わないこととされている場合が土地の使用貸借権となり、土地の使用貸借権の設定に関する契約書は、第１号の２文書には該当せず、使用貸借に関する契約書に該当しますので、この場合は課税文書には当たりません（基通別表一第１号の２文書３）。

3 第１号の３文書

消費貸借に関する契約書

（主な文書例）

金銭借用証書、金銭消費貸借契約書など

（主な非課税文書）

契約金額の記載のある契約書（課税物件表の適用に関する通則３イの規定が適用されることによりこの号に掲げる文書となるものを除く。）のうち、契約金額が１万円未満のもの

【消費貸借とは】

民法第587条に規定する消費貸借をいい、当事者の一方が種類、品質及び数量の同じものをもって返還することを約し、相手方から金銭その他のものを受け取ることによりその効力が生じる契約をいいます。

また、民法第588条《準消費貸借》に規定する準消費貸借を含みます。

なお、消費貸借の目的物は、金銭に限りません（基通別表一第１号の３文書１）。

【建設協力金、保証金の取扱い】

貸ビル業者等がビル等の賃貸借契約又は使用貸借契約（その予約を含みます。）を結ぶ際に、そのビル等の借受人等から建設協力金、保証金等として一定の金銭を受領し、ビル等の賃貸借又は使用貸借契約期間に関係なく、一定期間据え置いた後に一括に返還又は分割して返還することを約する契約書は、第１号の３文書として取り扱われます（基通別表一第１号の３文書７）。

4 第１号の４文書

運送に関する契約書（用船契約書を含む。）

（主な文書例）
　運送契約書、貨物運送引受書など

（主な非課税文書）
　契約金額の記載のある契約書（課税物件表の適用に関する通則３イの規定が適用されることによりこの号に掲げる文書となるものを除く。）のうち、契約金額が１万円未満のもの

【運送の意義】

「運送」とは委託により物品又は人を所定の場所へ移動させることをいいます（基通別表一第１号の４文書１）。

5 第２号文書

請負に関する契約書

（主な文書例）
工事請負契約書、工事注文請書、物品加工注文請書、広告契約書、映画俳優専属契約書、請負金額変更契約書など

（主な非課税文書）
契約金額の記載のある契約書（課税物件表の適用に関する通則３イの規定が適用されることによりこの号に掲げる文書となるものを除く。）のうち、契約金額が１万円未満のもの

（軽減税率）
第２号の請負に関する契約書のうち、建設業法第２条第１項に規定する建設工事の請負に係る契約に基づき作成されるもので、平成９年４月１日～平成32年（2020年）３月31日までに作成されるものについては、契約書の作成年月日及び記載された契約金額に応じ、印紙税額が軽減されています。

【請負の意義】

「請負」とは民法第632条《請負》に規定する請負をいい、当事者の一方がある仕事の完成を約し、相手方がその仕事の結果に対して報酬を支払うことを約する契約です。また、完成すべき仕事の結果の有形、無形は問いません（基通別表一第２号文書１）。

【請負に関する契約書と物品又は不動産の譲渡に関する契約書との判別】

製作物供給契約書のように、請負に関する契約書と物品の譲渡に関する契約書又は不動産の譲渡に関する契約書との判別が明確に区分できないものについては、契約当事者の意思が仕事の完成に重きをおいているのか、物品又は不動産の譲渡に重きをおいているかによって、いずれかを判断することとされており、具体的な取扱いは以下のとおりです（基通別表一第２号文書２）。

⑴　注文者の指示に基づき一定の仕様又は規格等に従い、製作者の労務により工作物を建設することを内容とするもの

→　請負に関する契約書

（例）　家屋の建築、道路の建設、橋りょうの架設

⑵　製作者が工作物をあらかじめ一定の規格で統一し、これにそれぞれの価格を付して注文を受け、当該規格に従い工作物を建設し、供給することを内容とするもの

→　不動産又は物品の譲渡に関する契約書

（例）　建売り住宅の供給（不動産の譲渡に関する契約書）

⑶　注文者が材料の全部又は主要部分を提供（有償であると無償であるとを問わない。）し、製作者がこれによって一定物品を製作することを内容とするもの　→　請負に関する契約書

（例）　生地提供の洋服仕立て、材料支給による物品の製作

⑷　製作者の材料を用いて注文者の設計又は指示した規格等に従い一定物品を製作することを内容とするもの　→　請負に関する契約書

（例）　船舶、車両、機械、家具等の製作、洋服等の仕立て

⑸　あらかじめ一定の規格で統一された物品を、注文に応じ製作者の材料を用いて製作し、供給することを内容とするもの

→　物品の譲渡に関する契約書

（例）カタログ又は見本による機械、家具等の製作

⑹　一定の物品を一定の場所に取り付けることにより所有権を移転することを内容とするもの　→　請負に関する契約書

（例）　大型機械の取付け

ただし、取付行為が簡単であって、特別の技術を要しないもの　→　物品の譲渡に関する契約書

（例）　家庭用電気器具の取付け

⑺　修理又は加工することを内容とするもの　→　請負に関する契約書

（例）　建物、機械の修繕、塗装、物品の加工

【エレベーター保守契約書等】

ビルディング等のエレベーターを常に安全に運転できるような状態に保ち、これに対して一定の金額を支払うことを約するエレベーター保守契約書又はビルディングの清掃を行い、これに対して一定の金額を支払うことを約する清掃請負契約書等は、その内容により第２号文書又は第７号文書に該当します（基通別表一第２号文書13）。

【仮工事請負契約書】

地方公共団体が工事請負契約を締結するに当たっては、地方公共団体の議会の議決を経なければならないとされているため、その議決前に仮工事請負契約書を作成することとしている場合における当該契約書は、当該議会の議決によって成立すべきこととされているものであっても、第２号文書に該当します（基通別表一第２号文書15）。

【税理士委嘱契約書】

税理士委嘱契約書は、委任に関する契約書に該当するから課税文書に

は当たりませんが、税務書類等の作成を目的とし、これに対して一定の金額を支払うことを約した契約書は、第2号文書に該当します（基通別表一第2号文書17）。

6 第3号文書

約束手形又は為替手形

（主な非課税文書）

1　記載された手形金額が10万円未満のもの

2　手形金額の記載のないもの

3　手形の複本又は謄本

【約束手形又は為替手形】

「約束手形又は為替手形」とは、手形法の規定により約束手形又は為替手形たる効力を有する証券をいい、振出人又はその他の手形当事者が他人に補充させる意思をもって未完成のまま振り出した手形（白地手形）も含まれます（基通別表一第３号文書１）。

7 第4号文書

株券、出資証券若しくは社債券又は投資信託、貸付信託、特定目的信託若しくは受益証券発行信託の受益証券

（主な非課税文書）

1　日本銀行その他特定の法人の作成する出資証券

2　譲渡が禁止されている特定の受益証券

3　一定の要件を満たしている額面株式の株券の無効手続に伴い新たに作成する株券

株券に課される印紙税の税額は、払込金額の有無により次の算式で計算した金額を基に判断することになります（令24）。

○払込金額がある場合　1株についての払込金額×その株券の株数

○払込金額がない場合　$\dfrac{\text{資本金の額}+\text{資本準備金の額}}{\text{発行済株式の総数}}$×その株券の株数

8 第５号文書

合併契約書又は吸収分割契約書若しくは新設分割計画書

【合併契約書の範囲】

「合併契約書」は、株式会社、合名会社、合資会社、合同会社及び相互会社が締結する合併契約を証する文書に限り課税文書に該当します（基通別表一第５号文書１）。

【吸収分割契約書及び新設分割計画書の範囲】

「吸収分割契約書」及び「新設分割計画書」は、株式会社及び合同会社が吸収分割又は新設分割を行う場合の吸収分割契約を証する文書又は新設分割計画を証する文書に限り課税文書に該当します。

なお、「新設分割計画書」は、本店に備え置く文書に限り課税文書に該当します（基通別表一第５号文書２）。

9 第６号文書

定　款

（主な非課税文書）
　株式会社又は相互会社の定款のうち公証人法の規定により公証人の保存するもの以外のもの

【定款の範囲】

「定款」は、株式会社、合名会社、合資会社、合同会社又は相互会社の設立のときに作成する定款の原本に限り第６号文書に該当します（基通別表一第６号文書１）。

10 第7号文書

継続的取引の基本となる契約書（契約期間の記載のあるもののうち、当該契約期間が3月以内であり、かつ、更新に関する定めのないものを除く。）

（主な文書例）

売買取引基本契約書、特約店契約書、代理店契約書、業務委託契約書、銀行取引約定書など

【継続的取引の基本となる契約書とは】

特約店契約書、代理店契約書、銀行取引約定書その他の契約書で、特定の相手方との間に継続的に生ずる取引の基本となるもののうち、令第26条《継続的取引の基本となる契約書の範囲》で定めるものをいいます。

令第26条《継続的取引の基本となる契約書の範囲》

法別表第1第7号の定義の欄に規定する政令で定める契約書は、次に掲げる契約書とする。

一　特約店契約書その他名称のいかんを問わず、営業者（法別表第1第17号の非課税物件の欄に規定する営業を行う者をいう。）の間において、売買、売買の委託、運送、運送取扱い又は請負に関する二以上の取引を継続して行うため作成される契約書で、当該二以上の取引に共通して適用される取引条件のうち目的物の種類、取扱数量、単価、対価の支払方法、債務不履行の場合の損害賠償の方法又は再販売価格を定めるもの（電気又はガスの供給に関するものを除く。）

二　代理店契約書、業務委託契約書、その他名称のいかんを問わず、売買に関する業務、金融機関の業務、保険募集の業務又は株式の発行若しくは名義書換えの事務を継続して委託するため作成される契約書で、委託される業務又は事務の範囲又は対価の支払方法を定めるもの
三　銀行取引約定書その他名称のいかんを問わず、金融機関から信用の供与を受ける者と当該金融機関との間において、貸付け（手形割引及び当座貸越しを含む。）、支払承諾、外国為替その他の取引によって生ずる当該金融機関に対する一切の債務の履行について包括的に履行方法その他の基本的事項を定める契約書
四　信用取引口座設定約諾書その他名称のいかんを問わず、金融商品取引法第2条第9項（定義）に規定する金融商品取引業者又は商品先物取引法第2条第23項（定義）に規定する商品先物取引業者とこれらの顧客との間において、有価証券又は商品の売買に関する二以上の取引（有価証券の売買にあっては信用取引又は発行日決済取引に限り、商品の売買にあっては商品市場における取引（商品清算取引を除く。）に限る。）を継続して委託するため作成される契約書で、当該二以上の取引に共通して適用される取引条件のうち受渡しその他の決済方法、対価の支払方法又は債務不履行の場合の損害賠償の方法を定めるもの
五　保険特約書その他名称のいかんを問わず、損害保険会社と保険契約者との間において、二以上の保険契約を継続して行うため作成される契約書で、これらの保険契約に共通して適用される保険要件のうち保険の目的の種類、保険金額又は保険料率を定めるもの

【契約期間の記載のあるもののうち、当該契約期間が3月以内であるものの意義】

「契約期間の記載のあるもののうち、当該契約期間が3月以内であるもの」とは、当該文書に契約期間が具体的に記載されていて、かつ、当該期間が3か月以内であるものをいいます（基通別表一第7号文書1）。

【継続的取引の基本となる契約書で除外されるもの】

令第26条の規定に該当する文書であっても、当該文書に記載された契約期間が３か月以内で、かつ、更新に関する定めのないもの（更新に関する定めがあっても、当初の契約期間に更新後の期間を加えてもなお３か月以内である場合を含みます。）は、継続的取引の基本となる契約書から除外されますが、その文書については、内容により他の号に該当するかどうかを判断します（基通別表一第７号文書２）。

【営業者の間の意義】

令第26条第１号に規定する「営業者の間」とは、契約の当事者の双方が営業者である場合をいい、営業者の代理人として非営業者が契約の当事者となる場合を含みます。

なお、他の者から取引の委託を受けた営業者が他の者のために第三者と行う取引も営業者の間における取引に含まれます（基通別表一第７号文書３）。

【２以上の取引の意義】

令第26条第１号に規定する「二以上の取引」とは、契約の目的となる取引が２回以上継続して行われることをいいます（基通別表一第７号文書４）。

【目的物の種類、取扱数量、単価、対価の支払方法、債務不履行の場合の損害賠償の方法又は再販売価格を定めるものの意義】

令第26条第１号に規定する「目的物の種類、取扱数量、単価、対価の支払方法、債務不履行の場合の損害賠償の方法又は再販売価格を定めるもの」とは、これらのすべてを定めるもののみをいうのではなく、これらのうちの１又は２以上を定めるものをいいます（基通別表一第７号文書５）。

【売買、売買の委託、運送、運送取扱い又は請負に関する２以上の取引を継続して行うために作成される契約書の意義】

令第26条第１号に規定する「売買、売買の委託、運送、運送取扱い又は請負に関する２以上の取引を継続して行うために作成される契約書」とは、例えば売買に関する取引を引き続き２回以上行うため作成される契約書をいい、売買の目的物の引渡し等が数回に分割して行われるものであっても、当該取引が１取引である場合の契約書は、これには該当しません。なお、エレベーター保守契約、ビル清掃請負契約等、通常、月等の期間を単位として役務の提供等の債務の履行が行われる契約については、料金等の計算の基礎となる期間１単位ごと又は支払いの都度ごとに１取引として取り扱います（基通別表一第７号文書６）。

【売買の委託及び売買に関する業務の委託の意義】

令第26条第１号に規定する「売買の委託」とは、特定の物品等を販売し又は購入することを委託することをいい、同条第２号に規定する「売買に関する業務の委託」とは、売買に関する業務の一部又は全部を委託することをいいます（基通別表一第７号文書７）。

【目的物の種類とは】

令第26条第１号に規定する「目的物の種類」とは、取引の対象の種類をいい、その取引が売買である場合には売買の目的物の種類が、請負である場合には仕事の種類・内容等がこれに該当します。また、当該目的物の種類には、例えばテレビ、ステレオ、ピアノというような物品等の品名だけでなく、電気製品、楽器というように共通の性質を有する多数の物品等を包括する名称も含まれます（基通別表一第７号文書８）。

【取扱数量を定めるもの】

令第26条第１号に規定する「取扱数量を定めるもの」とは、取扱量として具体性を有するものをいい、一定期間における最高又は最低取扱（目標）数量を定めるもの及び金額により取扱目標を定める場合の取扱目標金額を定めるものを含みます。したがって、例えば「１か月の最低取扱数量は50トンとする。」、「１か月の取扱目標は100万円とする。」とするものは該当しません（基通別表一第７号文書９）。

（注）取扱目標金額を記載した契約書は、記載金額のある契約書にも該当しますので注意してください。

【単価の意義】

令第26条第１号に規定する「単価」とは、数値として具体性を有するものに限るとされています。例えば「市価」、「時価」等とする場合はこれには該当しません（基通別表一第７号文書10）。

【対価の支払方法の意義】

令第26条第１号、第２号及び第４号に規定する「対価の支払方法を定めるもの」とは、「毎月分を翌月10日に支払う。」、「60日手形で支払う。」、「借入金と相殺する。」等のように、対価の支払いに関する手段方法を具体的に定めるものをいいます（基通別表一第７号文書11）。

【債務不履行の場合の損害賠償の方法の意義】

令第26条第１号及び第４号に規定する「債務不履行の場合の損害賠償の方法」とは、債務不履行の結果生ずべき損害の賠償として給付されるものの金額、数量等の計算、給付の方法等をいい、当該不履行となった債務の弁済方法をいうものではありません（基通別表一第７号文書12）。

11 第８号文書

預金証書、貯金証書

（主な非課税文書）
　信用金庫その他特定の金融機関の作成するもので記載された預入額が１万円未満のもの

【預貯金証書の意義】

「預貯金証書」とは銀行その他の金融機関等で法令の規定により預金又は貯金業務を行うことができる者が、預金者又は貯金者との間の消費寄託の成立を証明するために作成する免責証券たる預金証書又は貯金証書をいいます（基通別表一第８号文書１）。

【勤務先預金証書】

会社等が労働基準法第18条《強制貯金》第４項又は船員法第34条《貯蓄金の管理等》第３項に規定する預金を受け入れた場合に作成する勤務先預金証書は、第８号文書に該当します（基通別表一第８号文書２）。

12 第９号文書

貨物引換証、倉庫証券又は船荷証券

（主な非課税文書）
船荷証券の謄本

【貨物引換証の意義】

「貨物引換証」とは、商法第571条第１項の規定により、運送人が荷送人の請求により作成する貨物引換証をいいます（基通別表一第９号文書１）。

【倉庫証券の意義】

「倉庫証券」とは、商法第598条及び同法第627条第１項の規定により、倉庫営業者が寄託者の請求により作成する預証券、質入証券及び倉荷証券をいいます（基通別表一第９号文書２）。

【船荷証券の意義】

「船荷証券」とは、商法第767条及び国際海上物品運送法第６条第１項の規定により、運送人、船長又は運送人等の代理人が用船者又は荷送人の請求により作成する船荷証券をいいます（基通別表一第９号文書３）。

13 第10号文書

保険証券

【保険証券の意義】

「保険証券」とは、保険者が保険契約の成立を証明するため、保険法その他の法令の規定により保険契約者に交付する書面をいいます（基通別表一第10号文書１）。

14 第11号文書

信　用　状

【信用状の意義】

「信用状」とは、銀行が取引銀行に対して特定の者に一定額の金銭の支払をすることを委託する支払委託書をいい、商業信用状に限らず、旅行信用状を含みます（基通別表一第11号文書１）。

15 第12号文書

信託行為に関する契約書

【信託行為に関する契約書の意義】

「信託行為に関する契約書」とは、信託法第３条第１号に規定する信託契約を証する文書をいいます（基通別表一第12号文書１）。

16 第13号文書

債務の保証に関する契約書（主たる債務の契約書に併記したものを除く。）

（主な非課税文書）
身元保証ニ関スル法律に定める身元保証に関する契約書

【債務の保証の意義】

「債務の保証」とは、主たる債務者がその債務を履行しない場合に保証人がこれを履行することを債権者に対し約することをいい、連帯保証を含みます。

なお、他人の受けた不測の損害を補てんする損害担保契約は、債務の保証に関する契約に該当しません（基通別表一第13号文書１）。

【債務の保証委託契約書】

「債務の保証に関する契約」とは、第三者が債権者との間において、債務者の債務を保証することを約するものをいい、第三者が債務者に対してその債務の保証を行うことを約するものを含まない。

なお、第三者が債務者の委託に基づいて債務者の債務を保証することについての保証委託契約書は、委任に関する契約書に該当するのであるから、課税文書に当たらないことに留意します（基通別表一第13号文書２）。

【主たる債務の契約書に併記した債務の保証に関する契約書】

主たる債務の契約書に併記した債務の保証に関する契約書は、当該主たる債務の契約書が課税文書に該当しない場合であっても課税文書とはなりません。

なお、主たる債務の契約書に併記した保証契約を変更又は補充する契約書及び契約の申込文書に併記した債務の保証契約書は、第13号文書に該当します（基通別表一第13号文書３）。

17 第14号文書

金銭又は有価証券の寄託に関する契約書

【寄託の意義】

「寄託」とは、民法第657条《寄託》に規定する寄託をいい、同法第666条《消費寄託》に規定する消費寄託を含みます（基通別表一第14号文書１）。

【敷金の預り証】

家屋等の賃貸借に当たり、家主等が受け取る敷金について作成する預り証は、第14号文書としないで、第17号文書（金銭の受取書）として取り扱われます（基通別表一第14号文書３）。

18 第15号文書

債権譲渡又は債務引受けに関する契約書

（主な非課税文書）
　契約金額の記載のある契約書のうち記載された契約金額が１万円未満のもの

【債権譲渡の意義】

「債権譲渡」とは、債権をその同一性を失わせないで旧債権者から新債権者へ移転させることをいいます（基通別表一第15号文書１）。

【債務引受けの意義】

「債務引受け」とは、債務をその同一性を失わせないで債務引受人に移転することをいい、従来の債務者もなお債務者の地位にとどまる重畳的債務引受けもこれに含みます（基通別表一第15号文書２）。

【債務引受けに関する契約の意義】

「債務引受けに関する契約」とは、第三者が債権者との間において債務者の債務を引き受けることを約するものをいい、債権者の承諾を条件として第三者と債務者との間において債務者の債務を引き受けることを約するものを含みます。

なお、第三者と債務者との間において、第三者が債務者の債務の履行を行うことを約する文書は、委任に関する契約書に該当するため、課税文書には当たりません（基通別表一第15号文書３）。

19 第16号文書

配当金領収証又は配当金振込通知書

（主な非課税文書）
記載された配当金額が３千円未満の証書又は文書

【配当金領収証の範囲】

配当金領収証とは、配当金領収書その他名称のいかんを問わず、配当金の支払を受ける権利を表彰する証書又は配当金の受領の事実を証するための証書をいいます。

【配当金の支払を受ける権利を表彰する証書の意義】

「配当金の支払を受ける権利を表彰する証書」とは、会社が株主の具体化した利益配当請求権を証明した証書で、株主がこれと引換えに当該証書に記載された取扱銀行等のうち株主の選択する銀行等で配当金の支払を受けることができるものをいいます（基通別表一第16号文書１）。

20 第17号文書

1　売上代金に係る金銭又は有価証券の受取書

（主な文書例）
　商品販売代金の受取書、不動産の賃貸料の受取書、請負代金の受取書、広告料の受取書など

2　売上代金以外の金銭又は有価証券の受取書

（主な文書例）
借入金の受取書、保険金の受取書、損害賠償金の受取書、補償金の受取書、返還金の受取書など

第17号文書１、２共通

（主な非課税文書）　次の受取書は非課税
1　記載された受取金額が５万円未満のもの
2　営業（会社以外の法人で、法令の規定又は定款の定めにより利益金又は剰余金の配当又は分配をすることができることになっているものが、その出資者以外の者に対して行う事業を含み、出資者がその出資をした法人に対して行う営業を除く。）に関しない受取書
3　有価証券、預貯金証書など特定の文書に追記した受取書

【金銭又は有価証券の受取書の意義】

「金銭又は有価証券の受取書」とは、金銭又は有価証券の引渡しを受けた者が、その受領事実を証明するため作成し、その引渡者に交付する単なる証拠証書をいいます。

なお、文書の表題、形式がどのようなものであっても、また「相済」、

「完了」等の簡略な文言を用いたものであっても、その作成目的が当事者間で金銭又は有価証券の受領事実を証するものであるときは、第17号文書に該当します（基通別表一第17号文書１）。

【受取書の範囲】

金銭又は有価証券の受取書は、金銭又は有価証券の受領事実を証明するすべてのものをいい、債権者が作成する債務の弁済事実を証明するものに限りません（基通別表一第17号文書２）。

【仮受取書】

仮受取書等と称するものであっても、金銭又は有価証券の受領事実を証明するものは、第17号文書に該当します（基通別表一第17号文書３）。

【振込済みの通知書等】

売買代金等が預貯金の口座振替又は口座振込みの方法により債権者の預貯金口座に振り込まれた場合に、当該振込を受けた債権者が債務者に対して預貯金口座への入金があった旨を通知する「振込済みのお知らせ」等と称する文書は、第17号文書に該当します（基通別表一第17号文書４）。

【相殺の事実を証明する領収書】

売掛金等と買掛金等とを相殺する場合において作成する領収書等と表示した文書で、当該文書に相殺による旨を明示しているものについては、第17号文書に該当しないものと取り扱われます。

また、金銭又は有価証券の受取書に相殺に係る金額を含めて記載されているものについては、当該文書の記載事項により相殺に係るものであることが明らかにされている金額は、記載金額として取り扱わないものとされます（基通別表一第17号文書20）。

【公益法人が作成する受取書】

公益法人が作成する受取書は、収益事業に関して作成するものであっても、営業に関しない受取書に該当します（基通別表一第17号文書22）。

【人格のない社団の作成する受取書】

公益及び会員相互間の親睦等の非営利事業を目的とする人格のない社団が作成する受取書は、営業に関しない受取書に該当し、その他の人格のない社団が収益事業に関して作成する受取書は、営業に関しない受取書には該当しません（基通別表一第17号文書23）。

【農業従事者等が作成する受取書】

店舗その他これらに類する設備を有しない農業、林業又は漁業に従事する者が、自己の生産物の販売に関して作成する受取書は、営業に関しない受取書に該当します（基通別表一第17号文書24）。

【医師等の作成する受取書】

医師、歯科医師、歯科衛生士、歯科技工士、保健師、助産師、看護師、あん摩・マッサージ・指圧師、はり師、きゅう師、柔道整復師、獣医師等がその業務上作成する受取書は、営業に関しない受取書として取り扱われます（基通別表一第17号文書25）。

【弁護士等の作成する受取書】

弁護士、弁理士、公認会計士、計理士、司法書士、行政書士、税理士、中小企業診断士、不動産鑑定士、土地家屋調査士、建築士、設計士、海事代理士、技術士、社会保険労務士等がその業務上作成する受取書は、営業に関しない受取書として取り扱われます（基通別表一第17号文書26）。

【法人組織の病院等が作成する受取書】

営利法人組織の病院等又は営利法人の経営する病院等が作成する受取書は、営業に関しない受取書に該当しません。

なお、医療法第39条に規定する医療法人が作成する受取書は、営業に関しない受取書に該当します（基通別表一第17号文書27）。

【受取金額の記載中に営業に関するものと関しないものとがある場合】

記載金額が５万円以上の受取書であっても、内訳等で営業に関するものと関しないものとが明確に区分できるもので、営業に関するものが５万円未満のものは、記載金額５万円未満の受取書として取り扱われます（基通別表一第17号文書28）。

21 第18号文書

預貯金通帳、信託行為に関する通帳、銀行若しくは無尽会社の作成する掛金通帳、生命保険会社の作成する保険料通帳又は生命共済の掛金通帳

（主な非課税文書）

1　信用金庫など特定の金融機関の作成する預貯金通帳

2　所得税が非課税となる普通預金通帳など

3　納税準備預金通帳

【預貯金通帳の意義】

「預貯金通帳」とは、法令の規定による預金又は貯金業務を行う銀行その他の金融機関等が、預金者又は貯金者との間における継続的な預貯金の受払い等を連続的に付け込んで証明する目的で作成する通帳をいいます（基通別表一第18号文書１）。

22 第19号文書

第1号、第2号、第14号又は第17号に掲げる文書により証されるべき事項を付け込んで証明する目的をもって作成する通帳（前号に掲げる通帳を除く。）

【第19号文書の意義及び範囲】

第19号文書とは、課税物件表の第1号、第2号、第14号又は第17号の課税事項のうち1又は2以上を付け込み証明する目的で作成する通帳で、第18号文書に該当しないものをいい、これら以外の事項を付け込み証明する目的で作成する通帳は、第18号文書に該当するものを除き、課税文書に該当しません（基通別表一第19号文書1）。

【金銭又は有価証券の受取通帳】

金銭又は有価証券の受領事実を付け込み証明する目的で作成する受取通帳は、当該受領事実が営業に関しないもの又は当該付け込み金額のすべてが5万円未満のものであっても課税文書に該当することとなります（基通別表一第19号文書2）。

23 第20号文書

判　取　帳

【判取帳の範囲】

「判取帳」とは、課税物件表の第１号、第２号、第14号又は第17号の課税事項につき２以上の相手方から付け込み証明を受ける目的をもって作成する帳簿をいい、これら以外の事項につき２以上の相手方から付け込み証明を受ける目的をもって作成する帳簿は、課税文書に該当しません（基通別表一第20号文書１）。

【金銭又は有価証券の判取帳】

金銭又は有価証券の受領事実を付け込み証明する目的で作成する判取帳は、当該受領事実が営業に関しないもの又は当該付け込み金額のすべてが５万円未満であっても、課税文書に該当します（基通別表一第20号文書２）。

第3章

不動産・建設業界で作成される文書に係る具体的な取扱い

土地売買契約書

この文書は、土地を売買することについて定めた文書ですが何号文書に該当し、印紙税額はいくらになりますか。

土地売買契約書

2018年３月○日

売主○○不動産株式会社（以下甲という。）と買主○○○○（以下乙という。）は以下のとおり、土地売買契約を締結する。

第１条　甲は甲所有の下記土地を１平方メートル当たり20万円で乙に売り渡し、乙はこれを買い受けることとする。

（場所）

神奈川県横浜市○○区○○町○○丁目○番地　宅地：150平方メートル

第２条　本契約締結時に、乙は甲に対して手付金1,000万円を支払い、甲は受領した。

《中　略》

本契約の証として、本書２通を作成し、甲乙署名押印のうえ、各１通を保有する。

売主（甲）　○○不動産株式会社　㊞

買主（乙）　○○○○　㊞

【回　答】

第１号の１文書（不動産の譲渡に関する契約書）に該当します。

記載金額は3,000万円（１平方メートル当たり20万円×150平方メートル）となり、軽減税率が適用され、印紙税額は10,000円となります。

【解　説】

この文書は、土地の売買について定めた契約書であり、第1号の1文書（不動産の譲渡に関する契約書）に該当します。また、第2条において手付金の受領事実について記載があることから、乙の所持する契約書は第17号の1文書（売上代金に係る金銭の受取書）にも該当します。

この場合、通則3のイの規定により、どの号に該当するか判断することとなりますが、第1号文書と第17号文書の所属の決定は以下のとおりとなります。

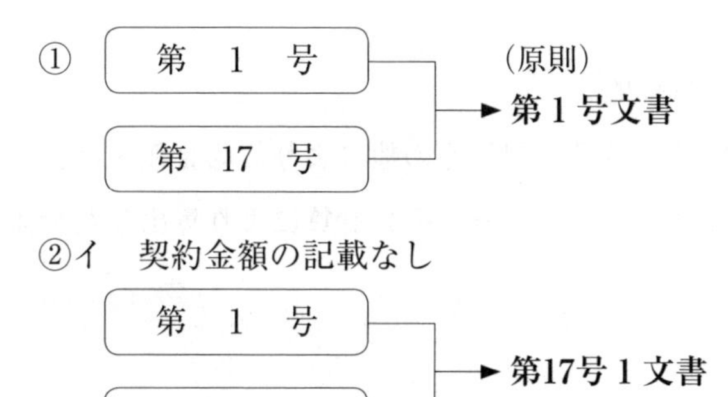

受取金額100万円超

②ロ　契約金額あり

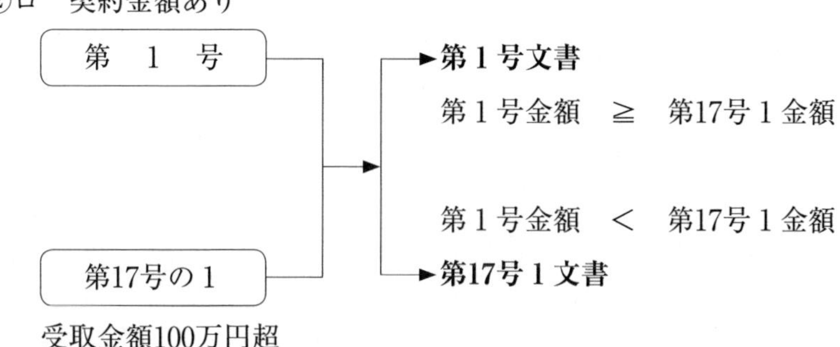

受取金額100万円超

事例の場合、第1号の1文書における記載金額は契約書中に1平方メートル当たり20万円で、150平方メートルを売り渡すとの記載があることから、１平方メートル当たりの金額と面積を乗じた金額3,000万円が記載金額となります。

また、第17号の１文書に該当する手付金の受領は受取金額1,000万円と記載されています。

この場合、ともに記載金額があり、上記②ロに当てはめると第17号の１文書に係る金額よりも第１号文書に係る金額が大きいため、記載金額3,000万円の第１号の１文書に該当し、印紙税額は軽減税率が適用され10,000円となります。

【参　考】

◆　記載金額の計算（基通24）

⑺　記載された単価及び数量、記号その他により契約金額を計算することができる場合　→　その計算により算出した金額

2 不動産売買予約契約書

土地の売買契約を締結する前に予約契約を結ぶこととなりました。この場合、予約契約書にも収入印紙を貼付しなければいけませんか。

不動産売買予約契約書

2018年３月○日

売主○○○○（以下「甲」という。）と買主○○○○（以下「乙」という。）との間で、次のとおり不動産売買予約契約を締結する。

第１条（売買物件）

甲は乙に下記記載の土地を売り渡すことを予約し、乙はこれを買い受けることを承諾した。

（所在地）　○○県○○市○○町○丁目

地番：○○番

地目：宅地　　　地積：○○○㎡

第２条（売買代金）

本件予約にかかる土地の代金は金2,000万円とする。

《中　　略》

以上、契約の成立を証するため、本書２通を作成し、署名押印のうえ、各自１通を所持する。

甲　住所：○○県○○市○○町○丁目○番地

○○　○○　㊞

乙　住所：○○県○○市○○町○丁目○番地

○○　○○　㊞

【回　答】

記載金額2,000万円の第１号の１文書（不動産の譲渡に関する契約書）に該当し、印紙税額は軽減税率が適用され、10,000円となります。

【解　説】

予約契約書や仮契約書であっても、印紙税法上においては本契約と同様に取り扱われます。

通則５に、印紙税法上の契約書に関する規定が定められていますが、その中に「契約の予約」を含むとされています。したがって、予約契約や仮契約書であっても、本契約と同様に取り扱われます。

また、印紙税は文書に係る税であることから、後日作成される本契約書に関しても課税文書に該当することとなります。

【参　考】

◆「契約書」とは（通則５）

課税物件表の第１号、第２号、第７号及び第12号から第15号までにおいて「契約書」とは、契約証書、協定書、約定書その他名称のいかんを問わず、契約（その予約を含む。）の成立若しくは更改又は契約の内容の変更若しくは補充の事実を証すべき文書をいい、念書、請書その他契約の当事者の一方のみが作成する文書又は契約の当事者の全部若しくは一部の署名を欠く文書で、当事者間の了解又は商慣習に基づき契約の成立等を証することとされているものを含むものとする。

3 契約当事者以外の者に提出する文書

不動産仲介業者ですが、不動産の仲介を行った際に、不動産売買契約書控を保管しています。この契約書には売買当事者の署名押印がなされています。

契約当事者以外の者に提出する文書は課税文書に該当しないと聞きましたが、この場合の契約書は課税文書には該当しないですか。

【事　例】

> ○年○月○日
>
> **不動産売買契約書**
>
> 売主○○○○（以下「甲」という。）と買主○○○○（以下「乙」という。）は下記の不動産売買契約を締結します。
>
> 1　物　件　　土地　神奈川県横浜市○○区○○町○丁目○番地○号
> 2　売買価格　○，○○○万円
>
> 《中　　略》
>
> 以上この契約の証として、本書３通を作成し、甲、乙、丙記名押印のうえ、各自１通を保有する。
>
> 甲：売主　　神奈川県○○市○○　　○○不動産株式会社　㊞
> 乙：買主　　東京都○○区　　○　○　○　○　㊞
> 丙：仲介人　東京都○○区　　○○不動産仲介株式会社　㊞

【回　答】

印紙税は、文書を作成しなければ課税されることはなく、逆に一つの取引において課税となる文書を数通又は数回作成すれば、何通、何回でも課税されることとなります。その契約書が契約の成立等を証するものであれば、契約当事者の所持するものと、契約当事者以外の者が所持するものとを問わず、原則として課税文書に該当します。

しかし、契約当事者以外の者に提出する文書で、かつ、その文書に提出先が明確に記載されているものあるいは文書の記載文言から契約当事者以外の者に提出されることが明らかなものについては、課税文書に該当しないものとして取り扱われています。

ここでいう契約当事者とは、その契約書において直接の当事者となっている者のみでなく、その契約の前提となる契約及びその契約に付随して行われる契約の当事者も含まれます。事例でいう不動産売買契約の仲介人は作成者には該当しませんが、契約に参加する当事者であるので、ここでいう契約当事者に含まれることとなります。したがって、その仲介人が所持する事例の契約書は課税文書に該当することとなります。

【解　説】

契約当事者以外の者とは、その契約に対して直接的に利害関係をもたない、例えば、監督官庁であるとか融資銀行のような者をいいます。

ただ、契約当事者以外の者に提出する文書であっても、提出先が明記されていないものは課税されることとなります。

事例の仲介人の所持する契約書は、第１号の１文書に該当することとなりますが、この場合、仲介人自身は作成者ではありませんので、作成者である甲と乙で連帯して納税義務を負うことになります。

【ポイント】

契約当事者以外の者に提出する文書であっても、①提出先が明記されていないものであったり、②契約当事者以外の者に提出先が明記された文書であっても、現実には契約当事者が所持しているものや、③契約当事者間の証明目的で作成されたものが、結果的に契約当事者以外の者に提出された場合などは、課税文書となる場合がありますので、留意してください。

【参　考】

◆　契約当事者以外の者に提出する文書（基通20）

契約当事者以外の者（例えば、監督官庁、融資銀行等当該契約に直接関与しない者をいい、消費貸借契約における保証人、不動産売買契約における仲介人等当該契約に参加する者を含まない。）に提出又は交付する文書であって、当該文書に提出若しくは交付先が記載されているもの又は文書の記載文言からみて当該契約当事者以外の者に提出若しくは交付することが明らかなものについては、課税文書に該当しないものとする。

（注）　消費貸借契約における保証人、不動産売買契約における仲介人等は、課税事項の契約当事者ではないから、当該契約の成立等を証すべき文書の作成者とはならない。

4 土地使用貸借契約書

この文書は、土地の使用貸借について定めた契約書ですが、印紙税の取扱いはどうなりますか。

土地使用貸借契約書

○年○月○日

土地の所有者○○○○（以下「甲」という。）と○○○○（以下「乙」という。）は、次のとおり、土地使用貸借契約を締結する。

第１条　甲は、下記の土地を乙に無償で貸し渡し、乙はこれを借り受ける。

貸借物件：　○○県○○市○○町○○丁目○番地○号

地目：○○○　　　公簿面積：○○○㎡

第２条　乙は、この土地を○○○にのみ使用するものとし、それ以外の用途に使用してはならない。

第３条　貸借期間は○年○月○日から○年○月○日とする。

第４条　乙は、甲の承諾を得ることなくこの土地を転貸し、またはこの土地を使用する権利を他に譲渡してはならない。

《中　　略》

第10条　乙は貸借期間が満了した場合、速やかに土地を原状に回復して返却しなければならない。

以上この契約の証として、本書２通を作成し、甲乙記名押印のうえ、各自１通を保有する。

（甲）　住所：○○県○○市○○町○○丁目○番地

○○　　○○　㊞

（乙）　住所：○○県○○市○○町○○丁目○番地

○○　　○○　㊞

【回　答】

土地を無償で借りて使用収益した後、これを返還することを内容とする文書であり、課税文書には該当せず、不課税文書となります。

【解　説】

土地の賃貸借契約書で、有償で使用させるもの（賃貸借契約）は第1号の2文書（土地の賃借権の設定に関する契約書）に該当しますが、無償で使用させるもの（使用貸借契約）は、課税文書に該当しません。

使用貸借とは、無償、片務契約であり、目的物の引渡しにより効力を生ずる要物契約とされます。無償である点が賃貸借とは違い、目的物を返還する点が消費貸借と異なります。

【参　考】

◆　地上権、賃借権、使用貸借権の区分（基通別表一第1号の2文書3）

地上権であるか土地の賃借権又は使用貸借権であるかが判明しないものは、土地の賃借権又は使用貸借権として取り扱う。

なお、土地の賃借権と使用貸借権との区分は、土地を使用収益することについてその対価を支払わないこととしている場合が土地の使用貸借権となり、土地の使用貸借権の設定に関する契約書は、第1号の2文書（土地の賃借権の設定に関する契約書）には該当せず、使用貸借に関する契約書に該当するのであるから課税文書に当たらないことに留意する。

5 土地の賃貸借契約書

土地の賃貸借契約を締結しようと思いますが、課税文書に該当しますか。また、課税文書に該当した場合の記載金額の取扱いはどうなりますか。

土地賃貸借契約書

賃貸人○○○○（以下「甲」という。）と賃借人○○○○（以下「乙」という。）との間で、土地の賃貸借契約を締結する。

第１条（物件所在地）

賃貸借する土地は、甲の所有する下記表示の土地で、乙は所定の賃料を支払うこととする。

物件所在地：○○県○○市○○町○○丁目○○番地○号

地目：宅地　面積：200㎡

第２条（賃　料）

賃料は、１か月15万円とし、乙は毎月末日までに翌月分の賃料を甲の指定する口座に振込むこととする。

第３条（敷　金）

乙は甲に敷金として賃料の２か月分の30万円を、契約締結日から○年○月○日までに支払うこととする。

第４条（賃貸借期間）

賃貸借期間は、○年○月○日までとする。ただし、契約期間満了の２か月前までに双方協議の上契約期間を更新することができる。

《中　　略》

本契約の証として、本書２通を作成し、甲乙丙記名押印のうえ、各１通を保有する。

○年○月○日

賃貸人（甲）　○○○○　㊞

賃借人（乙）　○○○○　㊞

連帯保証人（丙）　○○○○　㊞

【回　答】

記載金額のない第１号の２文書（土地の賃借権の設定に関する契約書）に該当し、印紙税額は200円となります。

【解　説】

⑴　土地の賃借権とは

土地の賃借権とは、民法第601条に規定する賃貸借契約に基づき賃借人が土地（地下又は空間を含みます。）を使用収益できる権利をいい、土地の一時使用権も含まれます。

⑵　土地の賃借権の設定に関する契約書の記載金額

第１号の２文書は土地の賃借権の設定に関する契約書であり、その記載金額は賃借権の設定又は譲渡に関して定められる金額であることから、契約に際して相手方当事者に交付し、後日において返還されることが予定とされていない、権利金などをいいます。

したがって、後日返還が予定されている保証金や敷金などの他に、使用収益上の対価である賃貸料は記載金額には含まれません。

【ポイント】

第１号の２文書の記載金額は、契約に際して相手方当事者に交付し、後日において返還されることが予定されていない権利金等の金額とされています。したがって、敷金や賃料は記載金額には含まれませんので留意してください。

【参　考】

◆　土地の賃借権の意義（基通別表一第１号の２文書２）

「土地の賃借権」とは、民法第601条《賃貸借》に規定する賃貸借契約に基づき賃借人が土地（地下又は空間を含む。）を使用収益できる権利をいい、借地借家法（平成３年法律第90号）第２条《定義》に規定する借地権に限らない。

6 土地賃貸借変更契約書

既に契約が成立している土地の賃貸借契約において、賃料を変更する契約を下記のとおり結ぶこととしましたが、課税文書に該当しますか。

> **土地賃貸借変更契約書**
>
> ○年○月○日に契約した土地賃貸借契約書の一部を下記のとおり、変更する。
>
> 記
>
> 第１条　賃貸料を月額○○，○○○円から△△，△△△円に変更する。
> 第２条　変更は○年△月×日からとする。
>
> 《中　略》
>
> 本契約の証として、本書２通を作成し、甲乙丙記名押印のうえ、各自１通を保有する。
>
> ○年△月△日
>
> 賃貸人（甲）　○○　○○　㊞
> 賃借人（乙）　○○　○○　㊞
> 連帯保証人（丙）　○○　○○　㊞

【回　答】

記載金額のない第１号の２文書（土地の賃借権の設定に関する契約書）に該当し、印紙税額は200円となります。

【解　説】

変更契約書とは既に存在している契約（原契約）の同一性を失わせずに内容を変更する契約書で、法基通別表二に規定する「重要な事項の一覧表」に掲げられている項目以外の変更契約書は、課税文書に該当しません。

【参　考】

◆　第1号の2文書のうち、地上権又は土地の賃借権の設定に関する契約書の重要な事項

⑴　目的物又は被担保債権の内容

⑵　目的物の引渡方法又は引渡期日

⑶　契約金額又は根抵当権における極度金額

⑷　権利の使用料

⑸　契約金額又は権利の使用料の支払方法又は支払期日

⑹　権利の設定日若しくは設定期間又は根抵当権における確定期日

⑺　契約に付される停止条件又は解除条件

⑻　債務不履行の場合の損害賠償の方法

土地の賃貸借契約における賃料はこのうち、「⑷　権利の使用料」に該当することとなるため、賃料を変更とすることを内容とする変更契約書は課税文書に該当します。

◆　土地の賃貸借契約書の記載金額

第1号の2文書に該当する土地の賃貸借契約書は土地の賃借権の設定に関する契約書であり、その記載金額は賃借権の設定に関して定められる金額であることから、契約に際して相手方当事者に交付し、後日において返還されることが予定とされていない、権利金などをいいます。

したがって、後日返還が予定されている保証金や敷金などの他に、契約終了後における使用収益上の対価である賃貸料は記載金額には含まれません。

借地権譲渡契約書

下記の文書は借地権を譲渡することについての契約書ですが、課税文書に該当しますか。

借地権譲渡契約書

○年○月○日

○○○○（以下「甲」という。）と土地の所有者○○○○（以下「乙」という。）及び土地の借地権者○○○○（以下「丙」という。）との間で借地権譲渡契約を締結する。

第１条 丙は、下記の対象となる土地に有する借地権を甲に譲渡し、甲はこれを譲り受ける。

土地：○○県○○市○○町○○丁目○番地○号

第２条　甲は、譲り受ける借地権の代金として金6,000,000円を丙に支払う。

代金の支払いは契約締結後手付金として1,500,000円を、残金は土地の引渡しが乙から甲へなされた後にそれぞれ丙の請求により支払うものとする。

第３条　乙は、第２条に定める事項について、これを無条件で承認する。

《中　略》

本契約書を証するため、本証書３通を作成し、署名押印のうえ、各自１通を所持するものとする。

甲：　○○○○　㊞

乙：　○○○○　㊞

丙：　○○○○　㊞

【回　答】

借地権の譲渡について、その内容、譲渡代金、譲渡代金の支払方法などを定めるものであり、第１号の２文書（土地の賃借権の設定又は譲渡に関する契約書）に該当するとともに、土地の賃借権は債権であることから、第15号文書（債権譲渡に関する契約書）にも該当することとなります。

この場合、通則３のイの規定により第１号の２文書に所属が決定されます。

所属の決定

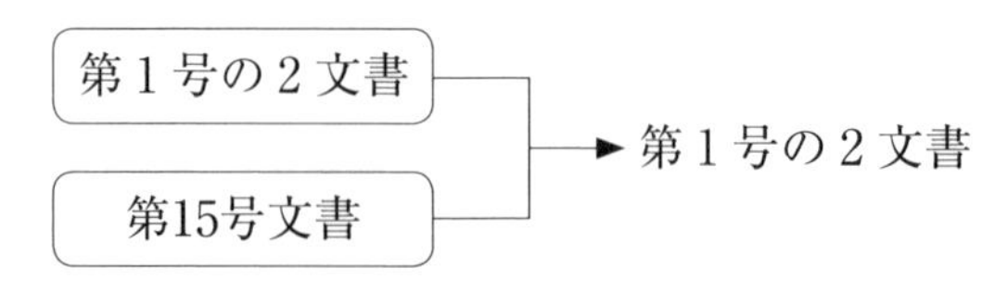

【解　説】

「借地権」とは、地上権又は土地の賃借権とされており、契約書において、地上権であるか土地の賃借権であるか明らかでない場合においては、土地の賃借権として取り扱われます。

したがって、第１号の２文書（土地の賃借権の設定又は譲渡に関する契約書）に該当します。

なお、一般的に借地権譲渡契約の場合、旧債権者と新債権者が連署する方式がほとんどですが、債務者がこれを承諾することも併せて証明する三者契約のような場合は、土地の賃借権は債権に該当します。この場合，第15号文書（債権譲渡に関する契約書）にも該当しますが、所属の決定により第１号の２文書に該当します。

また、この契約は甲乙丙の三者契約となっていますが、納税義務者（作成者）は、借地権の譲渡の当事者である甲と丙になります。乙が所持する文書も含めて、課税文書に該当し、甲と丙の連帯納税義務となります。

【参　考】

◆　地上権、賃借権、使用貸借権の区分（基通別表一第１号の２文書３）

地上権であるか土地の賃借権又は使用貸借権であるかが判明しないものは、土地の賃借権又は使用貸借権として取り扱う。

なお、土地の賃借権と使用貸借権との区分は、土地を使用収益することについてその対価を支払わないこととしている場合が土地の使用貸借権となり、土地の使用貸借権の設定に関する契約書は、第１号の２文書（土地の賃借権の設定に関する契約書）には該当せず、使用貸借に関する契約書に該当するのであるから課税文書には当たらないことに留意する。

◆　債権譲渡の意義（基通別表一第15号文書１）

「債権譲渡」とは、債権をその同一性を失わせないで旧債権者から新債権者へ移転させることをいう。

8 土地贈与契約書

土地を贈与するに当たり、下記の贈与契約書を作成しようと思いますが、印紙税の取扱いはどうなりますか。

○年○月○日

贈　与　契　約　書

贈与者○○○○（以下「甲」という。）と受贈者○○○○（以下「乙」という。）は、贈与契約を締結した。

第１条　甲は下記の物件を乙に贈与するものとし、乙はこれを承諾した。

（物　　件）

○○県○○市○○町○○丁目○○番地○号　　土地120平方メートル

第２条　土地の評価額は○年○月○日において○○○万円である。

《中　略》

贈与者（甲）　○○県○○市○○町○○丁目

○○○○　㊞

受贈者（乙）　○○県○○市○○町○○丁目

○○○○　㊞

【回　答】

第１号の１文書（不動産の譲渡に関する契約書）に該当します。なお、土地の評価額は記載金額には該当しませんので、記載金額なしの第１号の１文書となり印紙税額は200円となります。

【解　説】

贈与契約は無償契約であるため、贈与契約書に土地の評価額が記載されていたとしても、その評価額が不動産の対価としての金額ではないため、記載金額には該当しません。

したがって、例えば「土地評価額○○○万円」と記載しても、無償で給付するものであるため、参考値にしかすぎず、契約金額とは認められません。

ただし、受贈者が贈与等の債務の引受けを条件とする負担付贈与契約で負担の価額が目的物と同等あるいはそれ以上であるなど、実質売買契約あるいは交換契約と認められる場合は、負担の価額が記載金額と取り扱われます。

【参　考】

◆　契約金額の意義（基通23）

課税物件表の第１号、第２号及び第15号に規定する「契約金額」とは、次に掲げる文書の区分に応じ、それぞれ次に掲げる金額で、当該文書において契約の成立等に関し直接証明の目的となっているものをいいます。

⑴　ホ　その他　譲渡の対価たる金額

（注）贈与契約においては、譲渡の対価たる金額はないから、契約金額はないものとして取り扱います。

◆　贈与契約とは

当事者の一方（贈与者）が、自己の財産を無償で相手方（受贈者）に与える契約を証明する契約書

⑴　贈与の目的物が不動産の場合　→　第１号の１文書（不動産の譲渡に関する契約書）に該当します。ただし、贈与契約書に目的物の価額が記載されていたとしても、それは譲渡の対価ではありませんので、契約金額には当たりません。

また、負担付贈与契約で、負担の価額が目的物の価額と同等又はそれ以上である等、実質、売買契約あるいは交換契約と認められる場合には、負担の価額が記載金額となります。

⑵ 贈与の目的物が特許権の場合 → 第１号の１文書（無体財産権の譲渡に関する契約書）に該当します。

⑶ 贈与の目的物が物品又は有価証券の場合 → 不課税文書となります。

（平成元年３月31日までは「物品又は有価証券の譲渡に関する契約書」として課税されていましたが、平成元年４月１日以降作成される文書から課税が廃止となっています。）

⑷ 贈与の目的物が現金の場合 → 金銭の譲渡は印紙税の課税事項とはなっておらず、不課税文書となります。

9　不動産交換契約書

土地を交換することを定めた契約書ですが、印紙税の取扱いはどうなりますか。

> **不動産交換契約書**
>
> 2018年５月○日
>
> ○○○○（以下「甲」という）と○○○○（以下「乙」という）は土地の交換について、下記のとおり契約する。
>
> 第１条　交換する土地は以下のとおり
>
> 甲の所有する○○市○○町○丁目○番地　○○○㎡
>
> 乙の所有する○○市○○町○丁目○番地　○○○㎡
>
> 第２条　甲の所有する土地の金額は5,000万円とする。
>
> 乙の所有する土地の金額は7,000万円とする。
>
> 第３条　甲は乙に、交換する土地の代金の差額2,000万円を現金にて支払う。
>
> 《中　　略》
>
> 上記契約を証するために本書２通を作成し、甲乙署名押印のうえ、各１通ずつ所持する。
>
> 甲：　○○市○○町○○　　　○○○○　㊞
>
> 乙：　○○市○○町○○　　　○○○○　㊞

【回　答】

記載金額7,000万円の第１号の１文書（不動産の譲渡に関する契約書）に該当し、軽減税率が適用されますので、印紙税額は30,000円となります。

【解　説】

土地交換契約書は土地の所有権を移転させることを内容とすることから、第1号の1文書に該当します。

交換契約書に記載されている契約金額は、交換金額が記載されているときはいずれか高い方の金額が記載金額となります。また、等価交換のときにはいずれか一方の金額を、また、交換差金のみが記載されているときは交換差金が記載金額となります。

なお、等価契約書で、交換対象物の価格が記載されていないものについては、契約金額の記載のない契約書となります。

（不動産と不動産の交換）

記載内容	記載金額
交換対象物の双方の価格が記載されている場合	いずれか高い方の金額
交換対象物の双方の価格が記載されていて、等価交換の場合	一方の金額
交換差金のみが記載されている場合	交換差金
交換対象物の価格が記載されていない場合	記載金額なし

【参　考】

◆　不動産と不動産の交換の場合の契約金額（基通23）

(1)　ロ　交換　交換金額

なお、交換契約書に交換対象物の双方の価額が記載されているときはいずれか高い方（等価交換のときは、いずれか一方）の金額を、交換差金のみが記載されているときは当該交換差金をそれぞれ交換金額とする。

（例）土地交換契約書において

1　甲の所有する土地（価額100万円）と乙の所有する土地

（価額110万円）とを交換し、甲は乙に10万円支払うと記載したもの　→　第１号文書　記載金額110万円

２　甲の所有する土地と乙の所有する土地とを交換し、甲は乙に10万円支払うと記載したもの

→　第１号文書　記載金額10万円

◆　不動産と動産との交換契約書の記載金額（基通別表一第１号の１文書５）

不動産と動産との交換を約する契約書は、第１号の１文書（不動産の譲渡に関する契約書）に所属し、その記載金額の取扱いは次による。

⑴　交換に係る不動産の価額が記載されている場合（動産の価額と交換差金とが記載されている等、当該不動産の価額が計算できる場合を含む。）は、当該不動産の価額を記載金額とする。

⑵　交換差金のみが記載されていて、当該交換差金が動産提供者によって支払われる場合は、当該交換差金を記載金額とする。

⑶　⑴又は⑵以外の場合は、記載金額がないものとする。

10 土地の転貸借契約書

下記の文書は、賃貸している土地を他の者に転貸することを約する契約書ですが、印紙税の取扱いはどうなりますか。

土地転貸借契約書

○年○月○日

転貸人○○○○（以下「甲」という。）と、転借人○○○○（以下「乙」という。）との間で、土地転貸借契約を締結する。

第１条　甲は、別添土地賃貸借契約の賃貸人から賃借している下記の土地を乙に転貸する。

（物件所在地）　○○県○○市○○町○○丁目○○番地

地目：○○　　地籍：○○○㎡

第２条　甲は、本契約にあたり、別添承諾書のとおり、土地の所有者から転貸する旨の承諾を得ている。

第３条　転貸借期間は、○年○月○日から○年○月○日までの○年間とする。

第４条　転借料は１か月○○万円とし、毎月末日までに翌月分を甲の指定する銀行口座に振り込む。

《中　略》

以上のとおり、契約が成立したことを証するため、本書２通を作成し、甲乙各自署名押印のうえ、各自１通ずつを保有する。

甲：　○○県○○市○○町○丁目

○○　○○　㊞

乙：　○○県○○市○○町○丁目

○○　○○　㊞

【回　答】

記載金額のない第１号の２文書（土地の賃借権の設定に関する契約書）に該当し、印紙税額は200円となります。

【解　説】

賃借人が賃借物を第三者に賃貸借する転貸借を内容とする契約書は、転貸物が土地の場合であれば土地の賃借権の設定に関する契約書（第１号の２文書）に該当します。

また、転貸物が土地ではなく、建物その他の物品の場合であれば不課税文書となります（平成元年３月31日までは賃貸借に関する契約書として課税されていましたが、平成元年４月１日以降作成されるものから課税が廃止となりました。）。

11 駐車場使用契約書

次の文書は土地を駐車場として使用することについての契約書ですが、課税文書に該当しますか。

○年○月○日

駐車場使用契約書

賃貸人を甲とし、賃借人を乙として、甲と乙の間で駐車場使用契約書を締結する。

第１条　甲は乙に下記の土地を駐車場として賃貸し、乙はこれを賃借する。

土地の表示　○○県○○市○○町○丁目○番地○号

地積　○○○㎡

第２条　賃貸料　○○，○○○円

第３条　契約期間　○年○月○日から○年○月○日までとする。

《中　略》

賃貸人（甲）　住　所　東京都練馬区○○町○○

○○　○○　㊞

賃借人（乙）　住　所　東京都練馬区○○町○○

○○　○○　㊞

【回　答】

土地を駐車場として賃貸借するものであるため、第１号の２文書（土地の賃借権の設定に関する契約書）に該当します。

なお、賃料は記載金額には該当せず、記載金額のない第１号の２文書に該当します。

【解　説】

駐車場の利用に当たっての契約書については、土地としての貸付けか或いは駐車場という施設の貸付け等の態様に応じ取扱いが違います。

態　　様	取　扱　い
駐車場として土地を賃貸借する場合	土地の賃借権の設定に関する契約書（第１号の２文書）
駐車場の一定の場所に特定の車両を有料で駐車させる場合	賃借権の設定に関する契約書（不課税文書）
車庫を賃貸借する場合	賃貸借に関する契約書（不課税文書）
駐車場の一定の場所に特定の車両を有料で駐車させるもの（駐車場として地面の整備又はフェンス、区画などとして単なる土地の貸付けでないもの）	賃貸借に関する契約書（不課税文書）

※　土地の賃借権の設定に関する契約書の記載金額は賃借権の設定のための対価であり、権利金、名義変更料、更新料等の後日返還されることが予定されていない金額をいいます。

【参　考】

◆　契約金額の意義（基通23（2））

第１号の２文書　設定又は譲渡の対価たる金額

なお、「設定又は譲渡の対価たる金額」とは、賃貸料を除き、権利金その他名称のいかんを問わず、契約に際して相手方当事者に交付し、後日返還されることが予定されていない金額をいう。したがって、後日返還されることが予定されている保証金、敷金等は、契約金額には該当しない。

12 立退き合意書

賃借人が建物から立ち退くことを約した合意書ですが、課税文書に該当しますか。

○年○月○日

立退き合意書

第１条　賃借人○○○○は、現在居宅として使用している、下記の建物から○年○月○日までに立ち退くこととする。

建物の所在地　○○市○○町○○丁目

メゾン○○　202号室

第２条　賃貸人○○○○は、賃借人○○○○が建物から立ち退く損失を補償するため、金○○○○○円を賃借人○○○○に支払うこととする。

《中　略》

以上のとおり、合意が成立したのでこれを証するために、本書２通を作成し、各自署名押印のうえ、各自１通ずつを所持する。

賃借人　○○○○　㊞

賃貸人　○○○○　㊞

【回　答】

賃貸借契約を解約することを内容とする文書は、契約の消滅について定めた文書であり、印紙税法上の契約書には該当せず、課税文書には該当しません。

また、立退料の支払契約については、金銭による損失補償を内容とするものであり、課税文書に該当しません。

【解　説】

印紙税法上に規定する契約書とは、契約当事者の間において、契約の成立、更改又は内容の変更若しくは補充の事実を証明する目的で作成される文書をいい、契約の消滅の事実を証明する目的で作成される文書は含まれないとされていますので、印紙税法上の契約書には当たりません(基通12)。

13 契約解除合意書

契約期間中に、既存の契約を解除することとなり、契約解除合意書を作成することとなりました。印紙税の取扱いはどうなりますか。

> **契約解除合意書**
>
> ○年○月○日
>
> ○○○○（以下「甲」という。）と○○○○（以下「乙」という。）は○年○月○日締結の保守業務請負契約について、以下のとおり締結した。
>
> 第１条　甲及び乙は、原契約の定めに関わらず、原契約を本日付けにて合意解除するものとする。
>
> 第２条　原契約に定める保守料について残存するものがあれば○年○月○日までに精算を行うものとする。
>
> 《中　　略》
>
> 以上のとおり、合意が成立したのでこれを証するために、本合意書２通を作成し、各自署名押印のうえ各１通を所持する。
>
> 甲　東京都中央区○○　　株式会社○○○○　㊞
>
> 乙　千葉県千葉市○○　　株式会社○○○○　㊞

【回　答】

契約期間中に、既存の契約を合意解除することは、契約の消滅の事実を証明する目的で作成される文書であり、不課税文書となります。

【解　説】

印紙税法上の契約書とは、契約当事者の間において、契約の成立、更改又は内容の変更若しくは補充の事実を証明する目的で作成される文書をいい、契約の消滅の事実を証明する目的で作成される文書は含まれません（基通12）。

したがって、名称のいかんを問わず、契約を解約することを内容とする文書は印紙税法上の契約書に該当せず、不課税文書となります。

ただし、契約解除合意書という名称であっても、その文中に課税事項が記載されていれば課税文書に該当することとなります。

14 重要事項説明書

不動産の売買契約書締結の前に、購入予定の物件や取引条件に関する重要事項の説明があり、書面の交付を受けましたが、この文書は課税文書に該当しますか。

【回　答】

課税文書には該当しません。

【解　説】

宅地建物取引業法において、宅地建物取引業者が宅地建物取引士を通して売買契約を締結するまでの間に、購入予定者に購入物件に係る重要事項の説明をしなければならないと定められており、説明においては、宅地建物取引士が、内容を記載した書面を記名押印し、その書面を交付したうえで、口頭にて説明を行うこととされています。

この説明を宅地建物取引士から購入予定者が説明を受けたからと言って売買契約が成立するわけではありませんので、課税文書には当たりません。

その他、不動産業者に売却・購入の仲介を依頼する場合は、必ず媒介契約を結びますが、その際に作成する媒介契約書も課税文書には当たりません。

15 ビル清掃請負契約書

下記のとおり、ビルの清掃業務の委託に際して、委託契約書を作成しましたが印紙税の取扱いはどうなりますか。

【事例１】

○年○月○日

ビル清掃業務委託契約書

○○○○株式会社（以下「甲」という。）と○○清掃株式会社（以下「乙」という。）は清掃業務の請負に関して基本事項を定めるため、以下のとおり契約を締結する。

第１条（本契約の目的）

○○株式会社本社ビルの日常清掃及び定期清掃業務

第２条（請負金額）

月額清掃料は100万円（税抜き）とする。

第３条（契約期間）

契約期間は2018年10月１日～2019年９月30日とする。

ただし、有効期限満了の２か月前に甲、乙いずれからも何らの意思表示がない場合は、本契約は１年間自動的に延長され、その後も同様とする。

《中　　略》

委託者（甲）　○○県○○市○○

○○○○株式会社　代表取締役○○○○　㊞

受託者（乙）　○○県○○市○○

○○清掃株式会社　代表取締役○○○○　㊞

【事例２】

○年○月○日

ビル清掃業務委託契約書

○○○○株式会社（以下「甲」という。）と○○清掃株式会社（以下「乙」という。）は清掃業務の請負に関して基本事項を定めるため、以下のとおり契約を締結する。

第１条（本契約の目的）
　○○株式会社本社ビルの日常清掃及び定期清掃業務

第２条（請負金額）
　月額清掃料は100万円（税抜き）とする。

第３条（契約期間）
　契約期間は2018年10月１日～

《中　略》

委託者（甲）　○○県○○市○○
　○○○○株式会社　代表取締役○○○○　㊞
受託者（乙）　○○県○○市○○
　○○清掃株式会社　代表取締役○○○○　㊞

【回　答】

事例１は記載金額1,200万円（月100万円×12か月）の第２号文書（請負に関する契約書）に該当し、印紙税額20,000円、事例２は第７号文書（継続的取引の基本となる契約書）に該当し印紙税額は4,000円となります。

【解　説】

事例１及び事例２はともにビルの清掃業務を委託するものであり、第２号文書（請負に関する契約書）に該当します。

また、法令26条に記載されている継続的取引の基本となる契約書の要件を満たしており第７号文書にも該当します。

この場合、通則３のイ規定により、どの号に該当するかを判断します。

（第２号文書と第７号文書に該当した場合の所属）

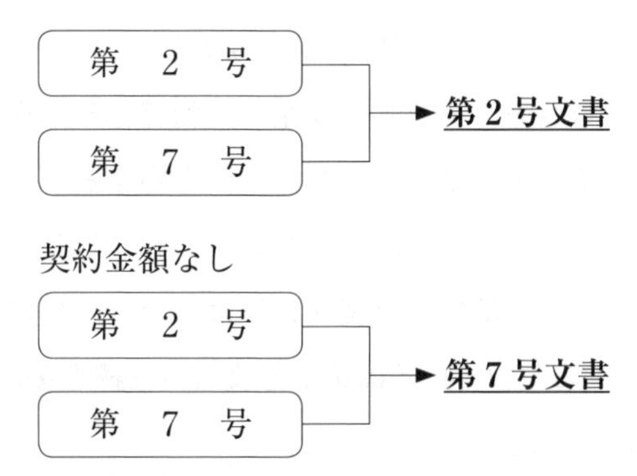

事例１は契約期間、月額委託料が定められており、記載金額が計算できるため第２号文書（請負に関する契約書）に該当します。（月100万円×12か月＝1,200万円）

事例２は契約期間が定められておらず、記載金額が計算できないため、第７号文書（継続的取引の基本となる契約書）に該当します。

【参　考】

◆　請負に関する契約書（基通別表一第２号文書１）

「請負」とは、民法第632条《請負》に規定する請負をいい、完成すべき仕事の結果の有形、無形を問わない。

◆　継続的取引の基本となる契約書（令26一（該当部分を抜粋））

特約店契約書その他名称のいかんを問わず、営業者（法別表第１第17号の非課税物件の欄に規定する営業を行う者をいう。）の間において、売買、売買の委託、運送、運送取扱い又は請負に関する２以上の取引を継続して行うため作成される契約書で、当該２以上の取引に共通して適用される取引条件のうち目的物の種類、取扱数量、単価、対価の支払方法、債務不履行の場合の損害賠償の方法又は再販売価格を定めるものをいう。

◆　エレベーター保守契約書等（基通別表一第２号文書13）

ビルディング等のエレベーターを常に安全に運転できるような状態に保ち、これに対して一定の金額を支払うことを約するエレベーター保守契約書又はビルディングの清掃を行い、これに対して一定の金額を支払うことを約する清掃請負契約書等は、その内容により第２号文書（請負に関する契約書）又は第７号文書（継続的取引の基本となる契約書）に該当する。

16 ビル清掃請負変更契約書

下記のビル清掃業務委託契約について、月額清掃料を変更するために覚書を作成した場合、次の①～⑧までの覚書は何号文書に該当しますか。なお、覚書には原契約の名称、契約年月日等の原契約を特定できる事項の記載があります。

【原契約】

○年○月○日

ビル清掃業務委託契約書

○○○○株式会社（以下「甲」という。）と○○清掃株式会社（以下「乙」という。）は清掃業務の請負に関して基本事項を定めるため、以下のとおり契約を締結する。

第１条（本契約の目的）

○○○○株式会社本社ビルの日常清掃及び定期清掃業務

第２条（請負金額）

月額清掃料は100万円（税抜き）とする。

第３条（契約期間）

契約期間は2018年10月１日～2019年９月30日とする。

ただし、有効期限満了の２か月前に甲、乙いずれからも何らの意思表示がない場合は、本契約は１年間自動的に延長され、その後も同様とする。

《中　　略》

委託者（甲）　○○県○○市○○
○○○○株式会社　代表取締役○○○○　㊞

受託者（乙）　○○県○○市○○
○○清掃株式会社　代表取締役○○○○　㊞

原契約は第２号文書に該当します（記載金額1,200万円の印紙税額20,000円）。

【覚　書（変更契約）】

①　原契約書の月額清掃料を2019年１月1日から110万円とする。

②　原契約書の月額清掃料を2019年１月1日から90万円とする。

③　原契約書の月額清掃料を2019年10月１日以降110万円とする。

④　原契約書の月額清掃料を2019年10月１日以降90万円とする。

⑤　原契約書の月額清掃料100万円を2019年４月１日から2019年９月30日まで110万円とする。

（注）原契約書で定められた期間内での変更契約書

⑥　原契約書の月額清掃料100万円を2019年４月１日から2019年９月30日まで90万円とする。

（注）原契約書で定められた期間内での変更契約書

⑦　原契約書の月額清掃料を2019年４月１日から2019年12月31日まで110万円とする。

（注）原契約書で定められた期間内及びその期間を超えた変更契約書

⑧　原契約書の月額清掃料を2019年10月１日から2020年９月30日まで110万円とする。

（注）原契約書で定められた期間を超えた変更契約書

【回　答】

（①②③④の覚書）

第２号文書と第７号文書に該当し、通則３のイの規定により、第７号文書に該当します。

（⑤の覚書）

契約金額の計算ができることにより、通則４のニの規定により、記載金額60万円の第2号文書に該当します。

※記載金額　(110万円－100万円)×6か月＝　60万円

(⑥の覚書)

契約金額の計算はできるものの、変更金額が変更前の金額を減少させるものであるため、通則4のニの規定により、記載金額のない第2号文書に該当します。

(⑦の覚書)

契約金額が計算できることにより、通則4のニの規定により記載金額720万円の第2号文書に該当します。

※記載金額(110万円－100万円)×6か月＋110万円×6か月＝720万円
(原契約で定められた期間内)　(原契約で定められた期間後)

(⑧の覚書)

原契約で定められた期間を超えており、通則4のニの適用条件である「当該文書に係る契約についての変更前の契約金額等の記載のある文書」がないことから、通則4のニの規定は適用されず、記載金額1,320万円の第2号文書に該当します。

※記載金額　110万円×12か月＝1,320万円

【解　説】

変更契約書において下記の①と②ともに当てはまる場合の記載金額は、以下の取扱いとなります。

① 変更契約書において、当該文書に係る変更前の契約金額等の記載のある文書が作成されていることが明らかである場合

② 変更の事実を証すべき文書により変更金額が記載されている場合

○変更金額が変更前の契約金額を増加　→　変更金額が記載金額となります。

○変更金額が変更前の契約金額を減少　→　契約金額の記載のないものとなります。

したがって、変更契約書において変更前の契約金額等の記載のある文書が作成されていることが明示されていない場合は、上記の適用はされず、変更契約書に記載されている内容によって判断されます。

なお、契約期間経過後は、当該文書に係る変更前の契約金額等の記載のある文書がないため、通則４のニの規定は当てはまりません。

【ポイント】

変更契約の場合、原契約を引用しているかどうか、原契約の契約期間内での変更かどうか、また、変更金額の記載方法等によって所属、記載金額が異なります。取扱いを誤ると印紙税額の負担が過大となりますので、作成時には注意が必要です。

【参　考】

◆　変更契約書の記載金額（通則４のニ）

契約金額等の変更の事実を証すべき文書について、当該文書に係る契約についての変更前の契約金額等の記載のある文書が作成されていることが明らかであり、かつ、変更の事実を証すべき文書により変更金額（変更前の契約金額等と変更後の契約金額等の差額に相当する金額をいう。以下同じ。）が記載されている場合（変更前の契約金額等と変更後の契約金額等が記載されていることにより変更金額を明らかにすることができる場合を含む。）には、当該変更金額が変更前の契約金額等を増加させるものであるときは、当該変更金額を当該文書の記載金額とし、当該変更金額が変更前の契約金額等を減少させるものであるときは、当該文書の記載金額の記載はないものとする。

◆　月単位で契約金額を定めている契約書の記載金額（基通29）

月単位等で金額を定めている契約書で、契約期間の記載があるものは当該金額に契約期間の月数等を乗じて算出した金額を記載金額とし、契約期間の記載のないものは記載金額がないものとして取り扱う。

なお、契約期間の更新の定めがあるものについては、更新前の期間のみを算出の根拠とし、更新後の期間は含まないものとする。

（例）　ビル清掃請負契約書において、「清掃料は月10万円、契約期間は１年とするが、当事者異議なきときは更に１年延長する。」と記載したもの→　記載金額120万円（10万円×12月）の第２号文書

17 覚書（工事請負金額変更契約）

当初締結の工事請負契約で定めた請負金額が追加工事等により変更が生じ、覚書を取り交わすこととなりました。

下記の文書は何号文書に該当しますか。

【事例１】

> **覚　書**
>
> ○年○月○日
>
> ○年○月○日付工事請負契約書の請負金額1,000万円を100万円増額します。
>
> 発注者　○○○○　㊞
>
> 請負者　○○○○　㊞

【事例２】

> **覚　書**
>
> ○年○月○日
>
> 当初の請負金額1,000万円を100万円増額します。
>
> 発注者　○○○○　㊞
>
> 請負者　○○○○　㊞

【回　答】

事例１は記載金額100万円の第２号文書（請負に関する契約書）に該当します。

事例２は記載金額1,100万円の第２号文書に該当します。

【解　説】

変更契約書の記載金額は下記の内容により取扱いが異なります。

①　変更前の契約書が作成されていることが明らかであり、かつ変更契約書に変更金額が記載されている場合

増額の場合　⇒　その増加額が記載金額となります。

減少の場合　⇒　その記載金額のないものとなります。

例）○年○月○日付工事請負契約書の請負金額1,000万円を100万円減額します。　→　記載金額のない第２号文書

②　変更前の契約書が作成されていることが明らかではない場合等の上記以外の場合　⇒　変更後の契約金額がその文書の記載金額となります。

変更金額のみが記載されている場合　⇒　変更金額が記載金額となります。

【ポイント】

印紙税法上の契約書とは、覚書など名称を問わず、契約の成立等を証するものは該当することとなるので、決して標題にはまどわされないでください。

また、変更契約書の場合、事例１と事例２のように記載の方法によって記載金額が変わってくるので、変更前の契約書の情報は変更後の契約書に記入することを忘れないようにしておきましょう。

18 国等と締結した工事請負契約書

地方公共団体から建物建築工事を受注し、工事請負契約書を２通作成することとなりました。地方公共団体が作成する契約書は非課税とのことですが、印紙が貼付された契約書は、どちらが所持するのですか。

【回　答】

地方公共団体が所持する文書は国等以外の者が作成したものとみなされて課税の対象とされ、当社が所持する文書は非課税となります。

(国等が保存するもの)

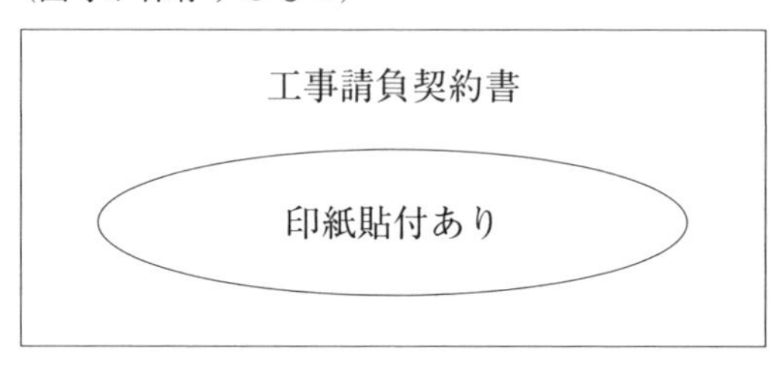

(当社が保存するもの)

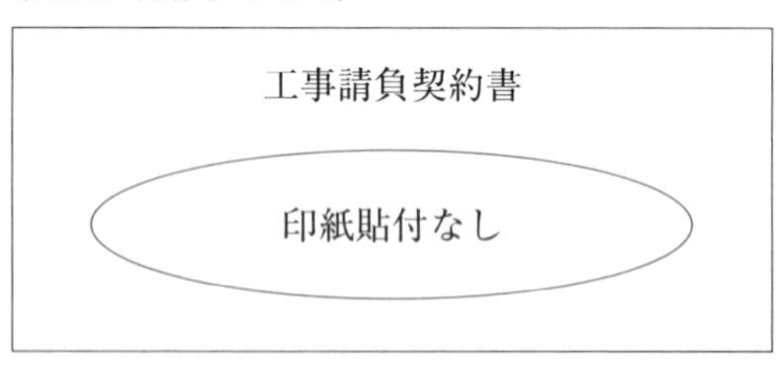

【解　説】

共同作成した文書は作成者全員の連帯納税義務が生じますが、そのなかに印紙税が課されない作成者がいた場合、作成通数すべてが課税されないのか、また、すべて課税され、その負担は印紙税が課税されない者も負うのかなどの疑問が生じることと思われます。

共同作成の文書は通常、各当事者が１通ずつ所持する実態をとらえて、印紙税法上では、国等が所持する文書は他の者が作成して国等に交付したもの、他の者が所持する文書は国等が作成して他の者に交付したものと仮定して、国等が所持するものについてのみ課税することとされています。

【参　考】

◆　課税文書の作成とみなす場合（法４⑤）

国、地方公共団体又は法別表第二に掲げる者と国等以外の者とが共同して作成した文書については、国等又は公証人法に規定する公証人が保存するものは国等以外の者が作成したものとみなし、国等以外の者が保存するものは国等が作成したものとみなす。

◆　国等と国等以外の者とが共同して作成した文書の範囲（基通57）

法第４条《課税文書の作成とみなす場合等》第５項に規定する「国等と国等以外の者とが共同して作成した文書」とは、国等が共同作成者の一員となっているすべての文書をいうのであるから留意する。

（例）

国等（甲）と国等以外の者（乙）の共有地の売買契約書

売主　甲及び乙

買主　丙

売買契約書を３通作成し、甲、乙、丙がそれぞれ１通ずつ所持する場合

甲が所持する文書　課税

乙が所持する文書　非課税

丙が所持する文書　丙が国等以外の者であるときは非課税

丙が国等であるときは課税

19 見積書

この文書は、建設工事の請負に係る見積書ですが、見積内容等に関して注文者が承諾した際には見積書下部に署名して請負者に返送するものです。課税文書に該当しますか。

> **見　積　書**
>
> ○年○月○日
>
> ○○○○　御中
>
> 請負者　○○建設株式会社　㊞
>
> 下記のとおり見積りいたします。
>
> ・　○○店舗改修工事　一式　1,800,000円
> （詳細は別紙のとおり）
>
> 上記内容でご用命いただければ署名押印のうえ、ご返送ください。
>
> 署名日○年○月○日　　注文者　○○○○　㊞

【回　答】

記載金額180万円の第２号文書（請負に関する契約書）に該当します。

【解　説】

この文書は、請負者が提示する見積金額に対して注文者が承諾し、その見積書に注文者が署名押印のうえ請負者に返送することから、見積書に対する応諾の事実を証明する目的で作成された文書となります。した

がって、印紙税法上の契約書に該当し、内容は店舗改修工事の請負であり、第２号文書（請負に関する契約書）に該当します。

【ポイント】

印紙税は、文書の名称又は呼称及び形式的な記載文言によることなく、その記載文言の実質的な意義に基づいて判断することとされています。

事例の場合は、見積書という名称であり、通常は課税文書には該当しませんが、契約当事者双方の署名押印があり、見積書に対する応諾の目的で作成された文書と認められるため、課税文書に該当します。このような文書を作成する事例は少ないとは思いますが、思わぬところで課税文書に該当する場合がありますので対外的な文書を作成する場合には、常に印紙税についての検討をしてください。

20 工事注文書

この文書は、基本契約書に基づく注文書です。基本契約書には「注文者が注文書を請負者に提出した時に契約が成立します。」と記載されています。

この場合、印紙税の取扱いはどうなりますか。

工　事　注　文　書

○年○月○日

○○○○　御中

○○年４月１日付基本契約書○条の規定に基づき、下記のとおり注文いたします。

記

【工事場所】　○○店舗　新築工事
【工事期間】　○○年○月○日から○○年○月○日
【請負金額】　500万円（消費税別）

○○県○○市○○町○丁目
株式会社○○建設　代表取締役　○○○○　㊞

（参考）基本契約書には下記のように記載あり。

基本契約書○条（契約の成立）
注文者が注文書を請負者に提出した時に契約は成立します。

【回　答】

記載金額500万円の第２号文書（請負に関する契約書）に該当します。

【解　説】

一般的に申込書や注文書等は契約の申込みの事実を証明する目的で作成されるものであり、契約書には該当しません。しかし、事例のように「○○年○月○日付基本契約書○条の規定に基づき」と注文書に記載があると、注文書に具体的な内容が記入されていなくても、基本契約書の内容が引用されることとなり、基本契約において「注文書が注文者から請負者に提出された時に契約が成立する」旨の記載があることにより、注文書が印紙税法上の契約書に該当することとなります。

注文書に印紙を貼りたいというのであれば別ですが、通常は注文書に印紙を貼付するというのは想定していないと思われます。

その場合、基本契約書に「注文書が提出された後に、別途、注文請書を提出することによって契約の成立とする。」、あるいは「別途、個別契約書を作成する。」等と記載されていれば、注文書が出された時点では契約が成立していないので、注文書は印紙税法上の契約書には該当せず、注文請書或いは個別契約書等が契約の成立を証明する文書として、印紙税法上の契約書に該当します。

21 仮契約書と本契約書

発注者との間で「仮契約書」を作成し、後日、正式に「本契約書」を作成することとしています。この場合の「仮契約書」と「本契約書」に係る印紙税の取扱いはどうなりますか。

【仮契約書】

仮建設工事請負契約書

○年○月○日

△△株式会社と○○建設株式会社は△△株式会社店舗新築工事について、仮請負契約書を締結する。

第１条　所在地　　○○市○○町○○番地
第２条　工　期　　○年○月○日　～　○年○月○日
第３条　請負金額　○○○○万円

《中　略》

△△株式会社　　○○○○　㊞
○○建設株式会社　　○○○○　㊞

【本契約書】

建設工事請負契約書

○年○月○日

△△株式会社と○○建設株式会社は△△株式会社店舗新築工事について、請負契約書を締結する。

第１条　所在地　　○○市○○町○○番地
第２条　工　期　　○年○月○日　～　○年○月○日
第３条　請負金額　請負金額については、○年○月○日付仮建設工事請負契約書にて定めた金額のとおり。

《中　略》

△△株式会社　　○○○○　㊞
○○建設株式会社　　○○○○　㊞

【回　答】

仮工事請負契約書及び本契約書ともに第2号文書（請負に関する契約書）に該当します。

なお、記載金額については仮工事請負契約書については、仮契約書中に記載された契約金額が記載金額となります。また、本契約書の場合は請負金額の記載はないため、記載金額のない第2号文書となります。

【解　説】

印紙税法上の契約書には予約契約書も含まれますので、仮工事請負契約書はたとえ、後日、本契約書を締結した場合であっても、第2号文書（請負に関する契約書）に該当します。また、本契約書も第2号文書に該当しますが、契約金額は「○年○月○日付仮請負契約書にて定めた金額」とされており、仮契約書は課税文書であることから、契約金額は引用されず、記載金額のない第2号文書に該当します。

事例の本契約書には請負金額を記入していませんが、本契約書にも金額が記入されていれば、仮契約書同様に記載金額のある請負契約書に該当します。

【参　考】

◆　第1号又は第2号文書の記載金額（通則4のホ（二））

第1号又は第2号に掲げる文書に当該文書に係る契約についての契約金額又は単価、数量、記号その他の記載のある見積書、注文書その他これらに類する文書（**<u>この表に掲げる文書を除く。</u>**）の名称、発行の日、記号、番号その他の記載があることにより、当事者間において当該契約についての契約金額が明らかであるとき又は当該契約についての契約金額の計算をすることができるときは、当該明らかである契約金額又は当該計算により算出した契約金額を当該第1号又は第2号に掲げる文書の記載金額とする。

22 工事請負契約書の記載金額

工事請負契約書を作成しようと思いますが、この場合の印紙税の記載金額はどうなりますか。

> **工事請負契約書**
>
> ○年○月○日
>
> 発注者○○○○（以下「甲」という。）請負者○○○○（以下「乙」という。）とは、甲の店舗新築工事について、下記の通り契約を締結する。
>
> 第１条　工事名　　○○店舗新築工事
>
> 第２条　工事場所　○○市○○町○○丁目
>
> 第３条　請負金額　5,400万円（消費税等込み）
>
> 《中　略》
>
> 本契約の証として、本書２通を作成し、甲乙記名押印の上、各自１通保有する。
>
> 発注者　　○○○○　㊞
>
> 請負者　　○○○○　㊞

【回　答】

契約金額と消費税額等が区分記載されていないため、記載金額5,400万円の第２号文書（請負に関する契約書）に該当します。

【解　説】

消費税額等が区分記載された契約書の記載金額は消費税額等を記載金額に含めないこととされています。

しかしながら、事例の場合は（　）書において、消費税等込みと記載はあるものの、具体的に消費税額等が区分記載されていないため、消費税額等を含んだ5,400万円が記載金額となります。

具体的に消費税額等が区分されている場合とは以下のとおりです。

①　契約金額と消費税額等が区分記載されている

請負契約書

請負金額　○○○○○円
消費税額等　○○○円
合計額　○○○○○円

請負契約書

請負金額　○○○○○円
（消費税額等　○○○円を含む。）

⇒　ともに消費税額等が区分記載されているため、消費税額等を含めない金額が記載金額となります。

②　税込金額と税抜金額が記載されている場合

請負契約書

請負金額　○○○○○円
（税抜金額）　○○○円
合計額　○○○○○円

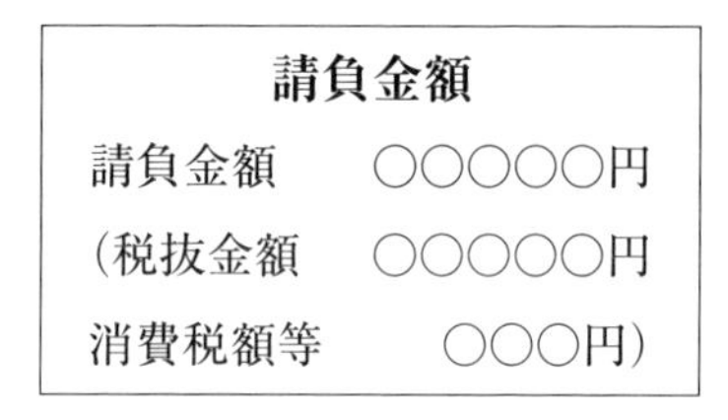

請負金額

請負金額　○○○○○円
（税抜金額　○○○○○円
消費税額等　○○○円）

⇒　ともに税抜金額が記載されているため、税抜金額が記載金額となります。

【参　考】

消費税額等の金額のみが記載された金銭又は有価証券の受取書については記載金額のない第17号の２文書と取り扱われ、一律200円の定額税率が適用となります。ただし、受領した消費税額等が５万円未満の場合は、非課税文書に該当するものとして取り扱われます。

【ポイント】

消費税額等は区分記載されていないと消費税額等を含めた金額が記載金額となりますので、区分記載されている契約書等に比べて記載金額が多くなり、印紙税額に影響がある場合がありますので、作成時には注意しましょう。

23 建築士法第22条の３の３の規定に基づき作成した設計・工事監理受託契約変更書面

設計受託又は工事監理受託契約の締結に際して、書面による契約締結が義務づけられていますが、当社では工事請負契約を締結する際に、その契約内容に設計・工事監理を含み、かつ、建設する建築物が延べ面積300㎡を超える場合、原契約書に特約事項として建築士法第22条の３の3の規定に基づき作成した「設計・工事監理受託契約事項」を原契約書に添付しています。書面には①業務の実施期間、②業務の報酬の額、③建築士の名称及び所在地、④建築士事務所の開設者の氏名、⑤業務に従事する建築士の登録番号、⑥設計又は工事監理の一部の委託先を記載していますが、その内容が変更された場合の変更書面の印紙税の取扱いはどうなりますか。

なお、工事請負契約書に記載された内容については、いずれも変更がありません。

○年○月○日

建築士法第22条の３の３の規定に基づく
設計・工事監理受託契約事項の変更書面

委託者：○○○○と受託者：○○建設株式会社は、○年○月○日に締結した工事請負契約の設計・工事監理受託契約事項の一部を下記のとおり、変更します。

○設計・工事監理受託契約事項　第○項
【変更前】
○○○○○○○○○
【変更後】
○○○○○○○○○

変更の証として２通作成し、委託者○○○○と受託者○○建設株式会社が署名押印のうえ、各１通を所持することとします。

委託者　住所：○○県○○市○○町○○丁目
氏名　○○○○　㊞
受託者　住所：○○県○○市○○町○○丁目
氏名　○○建設株式会社　代表取締役　○○○○　㊞

【回　答】

(1)　①設計業務の実施期間の変更については第２号文書（請負に関する契約書）の重要な事項である請負期限の変更に当たり、記載金額のない第２号文書に該当します。

(2)　②業務の報酬の額の変更については、増額の場合は変更金額を記載金額とする第２号文書に該当し、減額の場合は記載金額のない第２号文書に該当することとなります。

(3)　③建築士の名称及び所在地から、⑥設計又は工事監理の一部の委託先までの変更文書については、重要な事項の変更には当たりませんので、課税文書には該当しません。

【解　説】

「契約の内容の変更」とは、既に存在している原契約との同一性を失わせないでその内容を変更することをいいます。したがって、原契約との同一性を失わせるような変更は更改契約書であって変更契約書には該当しません。

「変更契約書の所属の決定」……契約は、形式、内容ともに当事者において自由に作成されるものであり、事例のようにその契約に関連する様々な特約事項が織り込まれている場合がありますが、変更契約書の取扱いについては、課税物件表に掲げられている契約の内容となると認められる事項（重要な事項）を変更するもののみを課税対象とすることとされています。

第２号の重要な事項は以下のとおりで、変更契約書はこの重要な事項が１つでも含まれる場合、課税文書となります。

◆　第２号文書の重要な事項（基通別表第二）

・請負の内容

・請負の期日又は期限

・契約金額

・取扱数量

・単価

・契約金額の支払方法又は支払期日

・割戻金等の計算方法又は支払方法

・契約期間

・契約に付される停止条件又は解除条件

・債務不履行の場合の損害賠償の方法

24 建物警備業務請負契約書・覚書

建物等に対する警備の実施について定めた契約書ですが、何号文書に該当しますか。また、既に締結した建物警備業務請負契約の契約内容を変更するために覚書を作成しましたが、何号文書に該当しますか。

【事例１】

> **建物警備業務請負契約書**
>
> ○年○月○日
>
> ○○警備保障株式会社（以下「甲」という。）と○○不動産株式会社（以下「乙」という。）は乙の所有するアパートの警備業務について下記事項に同意しこの契約を締結した。
>
> 第１条　甲は乙に対し、アパートに警報機器を設置、ガードマンの派遣等の方法により、火災、盗難及びその他の不法行為を予防し、かつ安全を確保するための業務を提供することとする。
>
> 第２条　１か月の契約警備料金を300,000円と定める。
>
> 《中　略》
>
> 第20条　本契約による警備開始時期は○年○月○日からとする。
>
> 甲：○○警備保障株式会社　㊞
>
> 乙：○○不動産株式会社　　㊞

【事例２】

覚　書

〇年〇月〇日

〇〇警備保障株式会社（以下「甲」という。）と〇〇不動産株式会社（以下「乙」という。）は、〇年〇月〇日に締結した建物警備業務請負契約に関し、第２条の警備料金を変更する。

警備料金（１か月あたり）を下記のとおり変更する。

変更前：300,000円　→　変更後：350,000円

変更は〇年〇月〇日から変更する。

《中　略》

甲：〇〇警備保障株式会社　㊞

乙：〇〇不動産株式会社　㊞

【回　答】

事例１及び事例２ともに第２号文書（請負に関する契約書）及び第７号文書（継続的取引の基本となる契約書）に該当し、所属の決定により第７号文書に該当し、印紙税額4,000円となります。

【解　説】

委託者に対し、受託者である警備会社が、アパート等の施設に警報装置の設置やガードマン等の派遣等により、火災・盗難その他の不正行為等を予防し、かつ安全確保を行い、それに対して報酬を支払うことを内容とするものであり、第２号文書に該当します。

また、継続する請負契約について単価（警備料金）を定める文書であ

り、第７号文書にも該当します。

この場合、契約金額の計算ができないため、通則３イの所属の決定により第７号文書に該当します。

(第２号文書と第７号文書に該当した場合の所属)

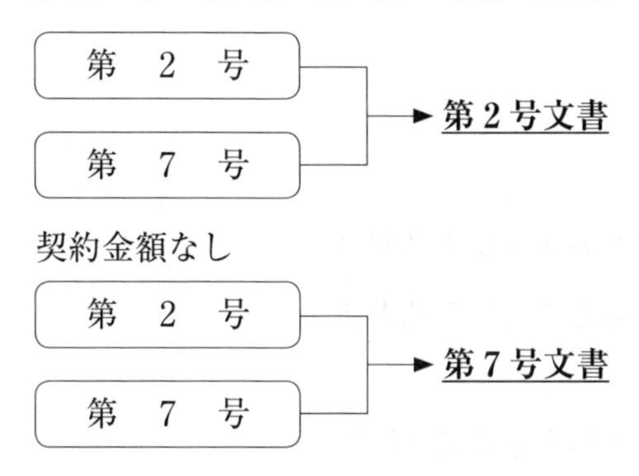

【ポイント】

第７号文書に該当することとなる要件は、令第26条第１号で定められていますが、特約店契約書その他名称のいかんを問わず、「営業者」の間において、とされています。したがって、相手方が国、地方公共団体等や、公益法人等の営業者に該当しない者との間の契約は第７号文書には該当しないこととなります。

【参　考】

◆　継続的取引の基本となる契約書の範囲（令26一（該当部分を抜粋））

特約店契約書その他名称のいかんを問わず、営業者（法別表一第17号の非課税物件の欄に規定する営業を行う者をいう。）の間において、売買、売買の委託、運送、運送取扱い又は請負に関する２以上の取引を継続して行うため作成される契約書で、当該２以上の取引に共通して適用される取引条件のうち目的物の種類、取扱数量、単価、対価の支払方法、債務不履行の場合の損害賠償の方法又は再販売価格を定めるもの。

◆　第２号文書の重要な事項（基通別表二　重要な事項の一覧表）

⑴　請負の内容

⑵　請負の期日又は期限

⑶　契約金額

⑷　取扱数量

⑸　単価

⑹　契約金額の支払方法又は支払期日

⑺　割戻金等の計算方法又は支払方法

⑻　契約期間

⑼　契約に付される停止条件又は解除条件

⑽　債務不履行の場合の損害賠償の方法

25 産業廃棄物処理に係る契約書

産業廃棄物処理に係る下記の内容の契約書を作成した場合の印紙税の取扱いはどうなりますか。

⑴　産業廃棄物収集・運搬委託契約（個別契約）

産業廃棄物の処理依頼者と収集・運搬業者との間で、産業廃棄物を搬出場所から収集し処分場所へ運搬することを約する契約

⑵　産業廃棄物処分委託契約（個別契約）

産業廃棄物の処理依頼者と処分業者との間で、産業廃棄物を処分することを約する契約

⑶　産業廃棄物収集・運搬及び処分委託契約（個別契約）

①　収集・運搬及び処分業者が同一の場合

②　収集・運搬業者と処分業者が別の場合

⑷　産業廃棄物収集・運搬及び処分に関する契約（基本契約）

【回答】

⑴　産業廃棄物の収集は運搬に付随するものであり、請負契約ではなく、第１号の４文書（運送に関する契約書）に該当します。

⑵　産業廃棄物の処分に関する契約であるため、第２号文書（請負に関する契約書）に該当します。

⑶　①の収集・運搬及び処分業者が同一の場合は、収集・運搬及び処分まで一連の作業を請け負う契約であり、ただし、収集・運搬と処分に係る金額が明確に区分されている場合には、収集・運搬と処分に係る契約は別の契約として、第１号の４文書と第２号文書に該当し、通則３ロの規定により、第１号の４文書か第２号文書のいずれ

か一方に該当します。

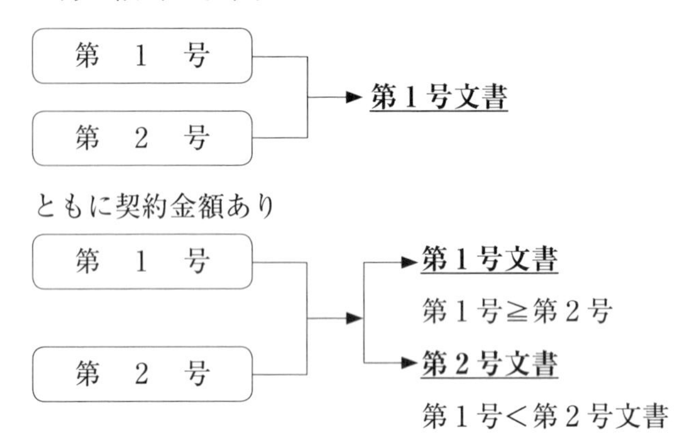

②の収集・運搬業者と処分業者が別の場合は、産業廃棄物を収集し、処分場所へ運搬する契約と処分する契約が併せて記載されている三者契約となっており、第1号の4文書と第2号文書に該当し、通則3のロの規定により、契約金額の大きい方の号に該当します。

(4)　産業廃棄物に係る契約は上記(1)から(3)のとおり、収集・運搬及び処分の内容によって、第1号の4文書又は第2号文書に該当することとなるが、収集・運搬及び処分に関する2以上の取引を継続して行うために作成される契約書で、2以上の取引に共通して適用される取引条件のうち目的物の種類、取扱数量、単価、対価の支払方法、債務不履行の場合の損害賠償の方法等を定める文書は、第7号文書にも該当します（ただし、その場合でも営業者間以外の契約であるとき及び契約期間が3ケ月以内で更新の定めがないときには第7号文書から除かれます。)。

この場合は、通則3のイの規定に基づき、記載金額の有無により所属が判断されます。

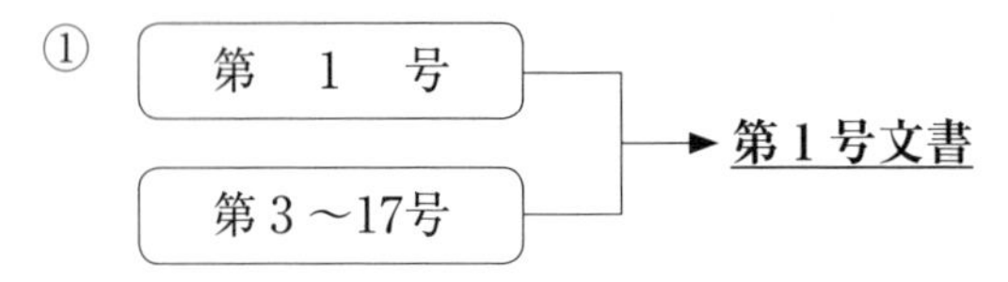

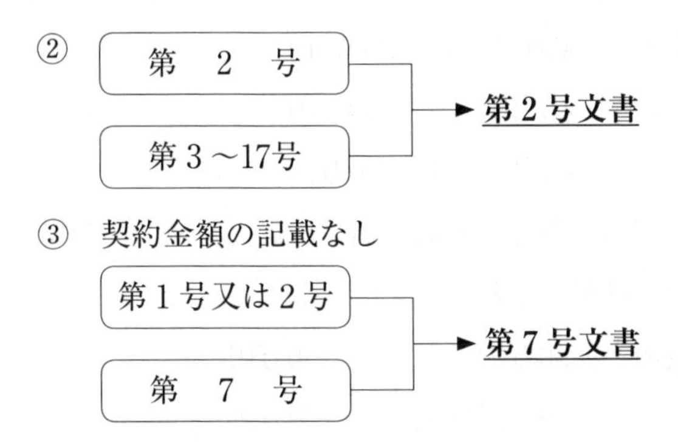

（契約金額（記載金額）の算出）

記載金額については、契約書に記載されている排出予定数量に収集・運搬及び処分契約単価を乗じて算出することとなります。なお、予定数量等が記載されている文書の記載金額については以下のとおりです。

（例１）　記載された契約金額等が予定の場合

・排出予定（概算）数量……150㎥

・処分契約単価……ごみガラ１㎥当たり20,000円

150㎥×20,000円＝300万円　予定（概算）数量が記載金額となります。

（例２）　記載された契約金額が最低金額又は最高金額の場合

・最低排出金額60万円　→　記載金額60万円

・最高排出金額100万円　→　記載金額100万円

【参　考】

◆　予定金額等が記載されている文書の記載金額（基通26）

予定金額等が記載されている文書の記載金額の計算は、以下のとおりとされています。

(1)　記載された契約金額等が予定金額又は概算金額である場合

……予定金額又は概算金額

（例）　予定金額　250万円　⇒　250万円

　　　　概算金額　250万円　⇒　250万円

　　　　　　　　約250万円　⇒　250万円

⑵　記載された契約金額等が最低金額又は最高金額である場合

……最低金額又は最高金額

（例）　最低金額　50万円　⇒　50万円

　　　　　　　　50万円以上　⇒　50万円

　　　　　　　　50万円超　⇒　50万１円

　　　　最高金額　50万円　⇒　50万円

　　　　　　　　50万円以下　⇒　50万円

　　　　　　　　50万円未満　⇒　49万9,999円

⑶　記載された契約金額等が最低金額と最高金額である場合

……最低金額

（例）　50万円から100万円まで　⇒　50万円

　　　　50万円を超え100万円以下　⇒　50万円１円

⑷　記載されている単価及び数量、記号その他によりその記載金額が計算できる場合において、その単価及び数量等が、予定単価又は予定数量等となっているとき

……⑴から⑶までの規定を準用して算出した金額

（例）　予定単価１万円、予定数量100個　⇒　100万円

　　　　概算単価１万円、概算数量100個　⇒　100万円

　　　　予定単価１万円、最低数量100個　⇒　100万円

　　　　最高単価１万円、最高数量100個　⇒　100万円

　　　　単価１万円で50個から100個まで　⇒　50万円

26 監督業務委託契約書

住宅建築等の現場における監督業務を委託した際に、「監督業務委託契約書」を作成しますが、印紙税の取扱いはどうなりますか。

監督業務委託契約書

○年○月○日

委託者○○○○（以下「甲」という。）と受託者○○株式会社（以下「乙」という。）は下記のとおり、業務委託契約を締結する。

第1条（件名）　○○集合住宅工事監督業務委託

第2条（場所）　東京都○○区○○町○○番地

第3条（契約期間）　○年○月○日から○年○月○日まで

第4条（契約金額）　○○○,○○○円

第5条（委託内容）　甲が定める工事監理実施要領により処理するものとする。

《中　　略》

委託者　○○○○　㊞

受託者　○○○○　㊞

【回　答】

この文書は住宅建築等の現場監督業務を委託するに当たり、その報酬等を定める文書ですが、現場監督業務は委任契約であるため、第2号文書（請負に関する契約書）には該当しません。

【解　説】

住宅建築等の現場監督業務を委託し、報酬等を定める文書は委任契約ですが、監督者が設計士等であって、監督業務以外に、設計図書の作成を委託する旨の契約は、対価を得て設計図書の完成を約していることから第２号文書に該当することとなります。

また、それ以外に請負に係る事項の取り決めが記載されていれば第２号文書に該当します。

（委任契約と請負契約）

委任契約	請負契約
一定の目的に従って事務を処理すること自体が目的となります。	仕事の完成が目的となります。
目的に従って「善良なる管理者の注意」をもって委任処理を行っている限りは、債務不履行を負うことはありません。	仕事を完成させなければ債務不履行責任を負うこととなります。
委任契約は原則として片務契約（無報酬）ですが報酬の定めのある双務契約の場合が多く、その場合の委任は仕事の完成とは関係なく報酬が支払われます。	請負契約の場合は仕事の完成がなければ報酬が支払われることはありません。
委任契約では成功報酬が定められている場合があります。	請負契約の場合はあらかじめ仕事の完成を約していますので、成功報酬は通常ありません。

【参　考】

◆　請負の意義（基通別表一第２号文書１）

「請負」とは、民法第632条《請負》に規定する請負をいい、完成すべき仕事の結果の有形、無形を問わない。

27 内装工事請負基本契約書

甲の各店舗の内装工事を将来的に継続して行う請負工事に関して、共通的に適用する取引条件を定めた基本契約書ですが、印紙税の取扱いはどうなりますか。

> **内装工事請負基本契約書**
>
> ○年○月○日
>
> ○○○○株式会社（以下「甲」という。）と○○建設株式会社（以下「乙」という。）は次のとおり、内装工事請負基本契約を締結する。
>
> 第１条（目的）
>
> 将来発生する甲の各店舗の内装工事における基本事項を定める。
>
> 第２条（個別契約）
>
> 工事ごとに、甲が注文書を乙に提出し、承諾の場合は乙が甲に注文請書を提出することによって、個別契約が成立するものとする。
>
> 第３条（工事代金の支払）
>
> 甲は工事代金を、工事の検査に合格した翌月末日に、乙指定の銀行口座へ振り込むこととする。
>
> 《中　略》
>
> 第20条（契約期間）
>
> この契約は○年○月○日から１年間とする。
>
> ○○○○株式会社　㊞
>
> ○○建設株式会社　㊞

【回　答】

第７号文書（継続的取引の基本となる契約書）に該当します。

【解　説】

内装工事の請負を内容とする文書ですので、第２号文書（請負に関する契約書）に該当します。また、営業者の間において、請負に関する二以上の取引を継続して作成される契約書で、二以上の取引に共通して適用される取引条件のうち対価の支払方法を定めた文書に該当するため、第７号文書にも該当します。

したがって、所属の決定に当たっては、契約金額の記載がありませんので、第７号文書に所属が決定されます。

【参　考】

◆　通則３のイ（抜粋）

イ　第１号又は第２号に掲げる文書と第３号から第17号までに掲げる文書とに該当する文書は、第１号又は第２号に掲げる文書とする。

ただし、第１号又は第２号に掲げる文書で契約金額の記載のないものと第７号に掲げる文書とに該当する文書は、同号に掲げる文書とする。

①
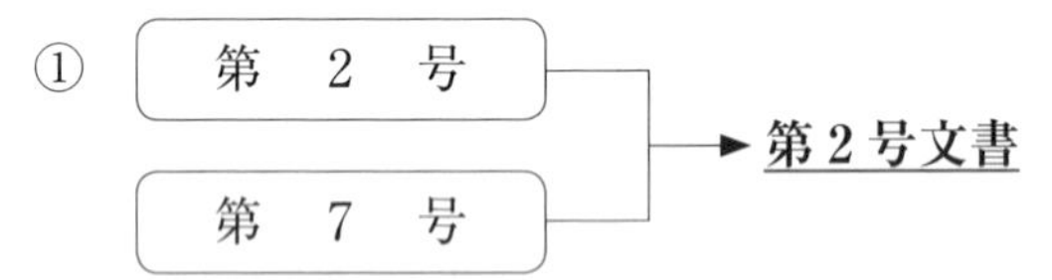

②　契約金額の記載なし
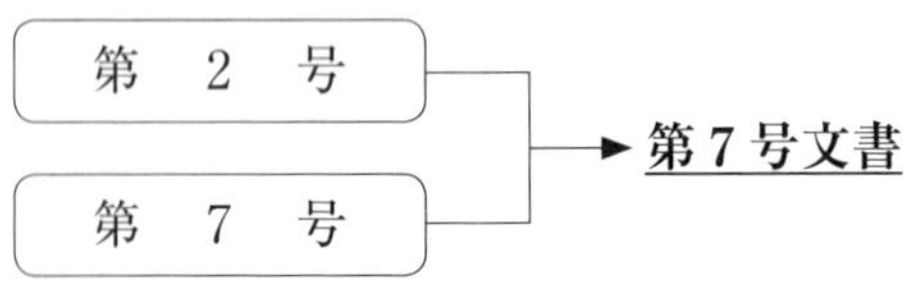

28 資材売買取引基本契約書

資材販売会社との間で、建築資材の売買を行うことの基本契約書を作成しましたが、課税文書に該当しますか。

○年○月○日

資材売買取引基本契約書

○○資材販売株式会社（以下「甲」という。）と○○建設株式会社（以下「乙」という。）とは、建築資材の継続的売買について、次のとおり基本契約書を締結する。

第1条（売買の目的物）

内装関連資材、養生材、土木資材、仮設資材、防水資材等の建築資材

第2条（売買条件）

売買商品の品名、数量、価格に関してはその都度、決定する。

《中　略》

第12条（代金の支払方法）

月末締切り、翌月10日に銀行振込みとする。

第13条（契約期間）

契約期間は○年○月○日から○年○月○日までの1年間とする。

ただし、期間満了時において、双方より別段の申出がない場合は、自動的に1年間更新するものとする。

当契約書は2通作成し、甲乙各1通ずつ所持する。

売主（甲）　○○資材販売株式会社
代表取締役　○○○○　㊞

買主（乙）　○○建設株式会社
代表取締役　○○○○　㊞

【回　答】

第７号文書（継続的取引の基本となる契約書）に該当します。

【解　説】

売買基本契約において、第７号文書に該当する要件は以下のとおり、

特約店契約書その他名称のいかんを問わず、営業者の間において、売買、売買の委託、運送、運送取扱い又は請負に関する２以上の取引を継続して行うために作成される契約書で、２以上の取引に共通して適用される取引条件のうち目的物の種類、取扱数量、単価、対価の支払方法、債務不履行の場合の損害賠償の方法又は再販売価格を定めるものと規定されています（令26一）。

事例の資材売買取引基本契約書は、上記要件の営業者の間において、売買に関する２以上の取引に共通して適用される取引条件のうち目的物の種類（建築資材）、対価の支払方法（月末締切り、翌月10日銀行振込み）を定める文書であり、第７号文書に該当します。

【参　考】

◆　２以上の取引の意義（基通別表一第７号文書４）

令第26条第１号に規定する「２以上の取引」とは、契約の目的となる取引が２回以上継続して行われることをいう。

◆　目的物の種類の意義（基通別表一第７号文書８）

令第26条第１号に規定する「目的物の種類」とは、取引の対象の種類をいい、その取引が売買である場合には売買の目的物の種類が、請負である場合には仕事の種類・内容等がこれに該当する。また、当該目的物の種類には、例えばテレビ、ステレオ、ピアノというような物品等の品名だけでなく、電気製品、楽器というように共

通の性質を有する多数の物品等を包括する名称も含まれる。

◆　対価の支払方法の意義（基通別表一第７号文書11）

令第26条第１号、第２号及び第４号に規定する「対価の支払方法を定めるもの」とは、「毎月分を翌月10日に支払う。」、「60日手形で支払う。」、「借入金と相殺する。」等のように、対価の支払に関する手段方法を具体的に定めるものをいう。

29 資材単価決定通知書

この文書は、既に資材取引基本契約書を交わしている取引先との間で、あらかじめ協議のうえ決定した単価を通知するために作成する文書ですが、課税文書に該当しますか。

資材単価決定通知書

○年○月○日

○○○○株式会社　殿

貴社との協議により、下記資材の売買単価を決定しましたので、ご通知申し上げます。

記

1　品　名　　○○○○
2　単　価　　１ｍ当たり　○○○○円
3　適用期間　○年２月から次回改定日まで

○○資材販売株式会社　㊞

（参考）　資材取引基本契約書

資材取引基本契約書

○年○月○日

○○○○株式会社（以下甲という。）と○○資材販売株式会社（以下乙という。）は、資材取引について基本契約を締結する。

第１条（売買の目的物）……建築用材木
第２条（単価）……当事者間で協議決定の上、決定単価を乙が甲に通知する

《中　　略》

第20条（契約期間）……契約期間は○年○月○日から○年○月○日までの１年間とする。ただし、期間満了時において双方により別段の申出がない場合は、自動的に１年間延長するものとします。

甲：　○○○○株式会社　　代表取締役　○○○○㊞
乙：　○○資材販売株式会社　代表取締役　○○○○㊞

【回　答】

継続して行う売買契約に係る商品の単価を定める文書であり、第７号文書（継続的取引の基本となる契約書）に該当します。

ただし、契約の相手方当事者が別に承諾書など契約の成立の事実を証明する文書を作成する場合は、承諾書などが印紙税法上の契約書に該当し、「資材単価決定通知書」は印紙税法上の契約書から除かれます。

【解　説】

印紙税法上の契約書とは、通知書という連絡文書のような名称であっても、名称のいかんを問わず、契約の成立若しくは更改又は契約の内容の変更若しくは補充の事実を証すべき文書をいいます。また、当事者の一方のみが作成する文書であっても、当事者間の了解又は商慣習に基づき契約の成立等を証することとされているものを含むとされています。

事例の文書は当事者間で協議のうえ決定した単価を、文書により通知することが基本契約書に記載されており、第７号文書の重要事項である「単価」を定めた文書に該当します。

【参　考】

◆　第７号文書の重要な事項（令26一）

・目的物の種類
・取扱数量
・単価
・対価の支払方法
・債務不履行の場合の損害賠償の方法又は再販売価格
（電気又はガスの供給に関するものを除きます）

◆　単価の意義（基通別表一第７号文書10）

令第26条第１号に規定する「単価」とは、数値として具体性を有するものに限る。したがって、例えば「市価」、「時価」等とするものはこれには該当しない。

30 工事請負契約書に収入印紙を過大に貼付した場合

軽減税率が適用される建築工事の請負に関して契約書を作成しましたが、誤って本則税率による収入印紙を貼付してしまいました。この場合、どうしたらよいでしょうか。

> 収入印紙 20,000円 （建〇設〇）
>
> **建築工事請負契約書**
>
> 2018年7月〇日
>
> 〇〇建設株式会社（以下「甲」という。）を受注者、〇〇〇〇（以下「乙」という。）を発注者とし、建築工事請負契約を締結する。
>
> 第1条　甲は乙に対し次の建築工事を完成することを約し、乙は甲に対しその代金を支払うことを約した。
>
> 　工事場所：〇〇県〇〇市〇〇町〇丁目
>
> 　工 事 名：〇〇〇〇店舗新築工事
>
> 第2条　工期は〇年〇月〇日から〇年〇月〇日までとする。
>
> 第3条　請負代金は2,000万円（税抜き）とする。
>
> 《中　　略》
>
> 甲（受注者）：神奈川県横浜市西区〇〇町〇丁目
> 〇〇建設株式会社　㊞
>
> 乙（発注者）：東京都中央区京橋〇丁目
> 〇〇〇〇　㊞

【回　答】

「印紙税過誤納確認申請書」を印紙貼付の日から５年以内に納税地の

所轄税務署に提出し過誤納の確認を受け、過誤納となっている本則税率と軽減税率との差額10,000円を、後日銀行振込みにより受け取ることとなります。

なお、提出する税務署は事例の場合、甲が所持しているものは甲の所持している場所の所轄税務署（契約書記載の住所地、横浜市西区であればその住所地の管轄税務署である横浜中税務署）、乙が所持しているものは乙の所持している場所の所轄税務署（契約書記載の住所地、東京都中央区京橋であればその住所地の管轄税務署である京橋税務署となります。）に提出することとなります。

【解　説】

印紙税の納税義務は課税文書の作成があった時に成立するものであり、事例の双務契約の場合は甲乙ともに署名押印した時が作成の時となります。

事例のように誤って収入印紙を貼付した場合の還付手続きは以下のとおりです。

「印紙税過誤納確認申請書」（３枚複写）と過誤納となった文書（この場合は建築工事請負契約書）を、過誤納となっている文書を作成した日から５年以内にその印紙税の納税地の所轄税務署長に提出し、過誤納の事実の確認を受けて、後日銀行振込みにより、還付を受けることとなります。

確認を受けた契約書等は税務署において「印紙税過誤納確認済印」がその契約書に押印され、返却してもらえます。

【ポイント】

一旦契約が成立して収入印紙を貼付した後に、何らかの理由で契約が破棄となった場合は、既に納税義務が成立しているため先の契約書に貼付した収入印紙は還付の対象とはなりません。

契約が成立しているにもかかわらず還付が受けられるのは、事例のように過大に収入印紙を貼付してしまった場合です。

【参　考】

◆　作成等の意義（基通44）

1　法に規定する課税文書の「作成」とは、単なる課税文書の調製行為をいうのではなく、課税文書となるべき用紙等に、課税事項を記載し、これを当該文書の目的に従って行使することをいう。

2　課税文書の「作成の時」とは、次の区分に応じ、それぞれ次に掲げるところによる。

(1)　相手方に交付する目的で作成される課税文書
→　当該交付の時

(2)　契約当事者の意思の合致を証明する目的で作成される課税文書　→　当該証明の時

(3)　一定事項の付け込み証明をすることを目的として作成される課税文書　→　当該最初の付け込みの時

(4)　認証を受けることにより効力が生ずることとなる課税文書
→　当該認証の時

(5)　第5号文書のうち新設分割計画書　→　本店に備え置く時

◆　納税地（令4②）

二以上の者が共同して作成した課税文書に係る法第6条第5号に掲げる政令で定める場所は、前項の規定にかかわらず、当該課税文書の次の各号に掲げる区分に応じ、当該各号に掲げる場所とする。

一　その作成者が所持している課税文書
→　当該所持している場所

二　その作成者以外の者が所持している課税文書　→　当該作成者

のうち当該課税文書に最も先に記載されている者のみが当該課税文書を作成したものとした場合の前項各号に掲げる場所

31 営業に関しない受取書

サラリーマンが自己所有の土地付建物を譲渡した場合の領収書に係る印紙税の取扱いはどうなりますか。

○年○月○日

領　収　書

金50,000,000円

土地付建物の売買代金として受け取りました。

東京都文京区○○町○○丁目○○番地

○○　○○　㊞

【回　答】

営業に関しない受取書に該当し、非課税となります。

【解　説】

営業とは、利益を得る目的で同種の行為を反復継続する営利活動をいいますので、サラリーマンである個人が、自己の私的財産を譲渡した場合に作成する受取書は、営業に関しない受取書に該当し、非課税となります。

なお、主業がサラリーマンであっても、家屋を賃貸することは、その収入の規模にかかわらず営業に該当します。そのため、家賃、権利金、敷金等を受領した場合に作成する受取書は第17号文書（金銭の受取書）に該当することとなります。

その場合、家賃は資産を使用させる対価として売上代金に該当します。また、権利金も、資産に権利を設定する対価であるため売上代金に該当します。

敷金については、後日返還されるものなので、売上代金には該当しません。

32 残金入金の御礼

販売代金の入金を振込等により受けた際に、支払が終了したことを下記のお礼状にて通知することとしています。この文書は課税文書に該当しますか。

> **残金入金の御礼**
>
> ○○○○様
>
> このたびは、○○○○物件のご購入をありがとうございました。
>
> 残金1,000万円は、当社指定の入金口座にて○年○月○日付けでご入金があったことを確認いたしました。
>
> 今後とも、一層のお引立てを賜りますようよろしくお願い申します。
>
> ○年○月○日
>
> ○○○○株式会社　㊞

【回　答】

記載金額1,000万円の第17号の1文書（売上代金に係る金銭の受取書）に該当します。印紙税額は2,000円です。

【解　説】

販売代金の受領事実を証明する目的で作成されたものであるため、第17号の1文書に該当します。

【ポイント】

普段、印紙税のことなど考えずに、営業担当者が何気なくお客様に対して丁寧な気持ちで出したお礼の文書についても、内容によっては課税文書に該当する場合がありますので、対外的に文書を紙で渡す場合には注意してください。

【参　考】

◆　振込済みの通知書等（基通別表一第17号文書４）

売買代金等が預貯金の口座振替又は口座振込みの方法により債権者の預貯金口座に振り込まれた場合に、当該振込みを受けた債権者が債務者に対して預貯金口座への入金があった旨を通知する「振込済みのお知らせ」等と称する文書は、第17号文書（金銭の受取書）に該当する。

33 相殺領収書

売上代金と仕入代金の相殺領収書を発行しようと思います。同額相殺のため金銭の授受はありませんが、印紙税の取扱いはどうなりますか。

○年○月○日

領　収　書

○○○○　様

金○○○，○○○円

上記金額は○月分の仕入金額と相殺しました。

○○株式会社　㊞

【回　答】

金銭の受取書には当たりませんので、不課税文書となります。

【解　説】

金銭の受取書とは、金銭の引渡しを受けた者がその受領事実を証明するものをいい、事例の文書は「領収書」という標題であるものの、相殺による売掛債権の消滅を証明する文書であって、金銭の受領事実を証明する目的で作成された文書ではありませんので、第17号文書には該当しません。

ただし、例えば一部相殺により差額を受領した場合は、受領した差額金額を記載金額とする第17号文書に該当します。

【ポイント】

相殺の領収書は金銭の授受が発生しないので、金銭の受取書には該当しません。

【参　考】

◆　相殺の事実を証明する領収書（基通別表一第17号文書20）

売掛金等と買掛金等とを相殺する場合において作成する領収書等と表示した文書で、当該文書に相殺による旨を明示しているものについては、第17号文書（金銭の受取書）に該当しないものとして取り扱う。

また、金銭又は有価証券の受取書に相殺に係る金額を含めて記載してあるものについては、当該文書の記載事項により相殺に係るものであることが明らかにされている金額は、記載金額として取り扱わないものとする。

34 敷金等の預り証

建物賃貸借契約にあたり、敷金を預かることとなり預り証を作成しました。この場合、第14号文書（金銭の寄託に関する契約書）に該当しますか。

○年○月○日

預　り　証

金200,000円

賃貸借契約に係る敷金としてお預りしました。

株式会社○○○○　㊞

【回　答】

寄託契約とは、当事者の一方が相手方のために物を保管する契約をいいます。したがって、賃貸人が建物の損害等を担保する目的として預かる敷金等は第14号文書（金銭の寄託に関する契約書）には該当せず、第17号の2文書（売上代金以外の金銭の受取書）に該当します。

【解　説】

印紙税法上では、その文書に記載されている文言から、寄託契約であることが明らかなものは第14号文書に該当し、それ以外のものは第17号文書として取り扱われています。

したがって、上記預り証は、金銭を受領した事実が記載されてはいますが、預金として金銭を預かったものではありませんので、第17号の2文書に該当することとなります。

【参　考】

◆　預り証等（基通別表一第14号文書２）

金融機関の外務員が、得意先から預金として金銭を受け入れた場合又は金融機関の窓口等で預金通帳の提示なしに預金を受け入れた場合に、当該受入れ事実を証するために作成する「預り証」、「入金取次票」等と称する文書で、当該金銭を保管する目的で受領するものであることが明らかなものは、第14号文書（金銭の寄託に関する契約書）として取り扱う。

なお、金銭の受領事実のみを証明目的とする「受取書」、「領収証」等と称する文書で、受領原因として単に預金の種類が記載されているものは、第17号文書（金銭の受取書）として取り扱う。

◆　敷金の預り証（基通別表一第14号文書３）

家屋等の賃貸借に当たり、家主等が受け取る敷金について作成する預り証は、第14号文書（金銭の寄託に関する契約書）としないで、第17号文書（金銭の受取書）として取り扱う。

35 建築士、設計士等が業務上作成する受取書

この受取書は、設計士が設計代金を受領した際に発行する受取書ですが、課税文書に該当しますか。

領　収　書
○年○月○日
金　　1,500,000円
○○邸設計料を受領しました。
○○設計事務所　設計士　○○○○　㊞

【回　答】

第17文書の非課税規定にある営業に関しない受取書に該当し、非課税文書に該当します。

【解　説】

建築士、設計士等が業務上作成する受取書は営業に関しない受取書に該当し、非課税文書に該当します。

ただし、株式会社○○建築士事務所等のような営利法人が発行する受取書は非課税文書には該当しません。

第17号文書　非課税物件（法別表一非課税物件）

1　記載された受取金額が５万円未満の受取書
2　**営業**（会社以外の法人で、法令の規定又は定款の定めにより利益金又は剰余金の配当又は分配をすることができることとなっているものが、その出資者以外の者に対して行う事業を含み、当該出資者がその出資をした法人に対して行う営業を除く。）**に関しない受取書**
3　有価証券又は第８号、第12号、第14号若しくは前号に掲げる文書に追記した受取書

弁護士等の作成する受取書（基通別表一課税物件、課税標準及び税率の取扱い　第17号文書26）

弁護士、弁理士、公認会計士、計理士、司法書士、行政書士、税理士、中小企業診断士、不動産鑑定士、土地家屋調査士、建築士、設計士、海事代理士、技術士、社会保険労務士等がその業務上作成する受取書は、営業に関しない受取書として取り扱う。

36 再発行した領収書

売掛先から、先に発行した売掛代金に係る領収書を紛失してしまったので、再発行をしてもらいたい旨の連絡がありました。

再発行した領収書にも印紙税が課税されるのでしょうか。

再発行　　　　　　　　　　　　　　　　　　○年○月○日

領　収　書

金108,000円（うち消費税額8,000円）

ただし、○○○○販売代金

○○販売株式会社　㊞

【回　答】

再発行した受取書であっても、第17号の１文書（売上代金に係る金銭の受取書）に該当します。

【解　説】

金銭の受取書は、金銭の引渡しを受けた方がその受領事実を証明するために作成し、その引渡者に交付する単なる証拠証書をいいます（基通別表一　課税物件、課税標準及び税率の取扱い　第17号文書１）。

したがって、再発行した受取書においても第17号文書に該当します。

なお、印紙税の納税義務者は文書の作成者ですので、再発行を依頼した売掛先が納税義務者とはなりません。

【参　考】

◆　金銭の受取書は受領事実を証明するために作成して、引渡者に交付する単なる証拠書類をいうと基本通達にて定められています。例えば、営業担当者が取引先で、売掛金を現金で回収した場合に、領収書の持ち合わせがなく、名刺の裏に金銭を受け取った旨の記載をした場合には、名刺そのものが金銭の受取書に該当することとなり、金額に応じて名刺に収入印紙を貼付することとなります。

37 家賃領収通帳

賃借人から支払われる賃料については、各人別に受取通帳を作成して、便宜上賃貸人が保管していますが、この通帳に係る印紙税の取扱いはどうなりますか。

家賃領収通帳

年 月分	年　月　日 領収いたしました	領収印 ㊞
年 月分	年　月　日 領収いたしました	領収印 ㊞
年 月分	年　月　日 領収いたしました	領収印 ㊞

【回　答】

通帳は通常金銭の支払者が所持するものですが、賃貸人が便宜上所持するものであっても、第19号文書（消費貸借通帳、請負通帳、有価証券の預り通帳、金銭の受取通帳などの通帳）に該当します。

印紙税は１冊につき、１年当たり400円となります。

【解　説】

金銭の受領事実を付け込み証明する目的で作成する受取通帳は、その金額が５万円未満であっても第19号文書に該当します。

また、金銭を受領したとして付け込まれる金額が100万円を超える場合には、その部分について第17号の１文書の作成があったものとみなされ、新たに受取金額に応じた印紙税額の納付が必要となります。

第19号文書と第20号文書（判取帳）との違いは、第20号文書は１対２以上の当事者間で行われる取引関係の付け込み証明を行うものであるのに対して、第19号文書に該当する通帳は、１対１の当事者間で行われる取引関係の付け込み証明を行うものである点が違います。

【参　考】

◆　金銭又は有価証券の受取通帳（基通別表一第19号文書２）

金銭又は有価証券の受領事実を付け込み証明する目的で作成する受取通帳は、当該受領事実が営業に関しないもの又は当該付け込み金額のすべてが５万円未満のものであっても、課税文書に該当するのであるから留意する。

租特法第91条《不動産の譲渡に関する契約書等に係る印紙税の税率の特例》に規定する「建設業法第２条第１項に規定する建設工事」とは

税率軽減措置の対象となる契約書のうち、第２号文書（請負に関する契約書）のうち、建設業法第２条第１項に規定する建設工事とは、具体的に下記の工事をいいます。

【建設業法第２条第１項に規定する工事】

建設工事の種類	建設工事の内容
土木一式工事	総合的な企画、指導、調整のもとに土木工作物を建設する工事（補修、改造又は解体する工事を含む。以下同じ。）
建築一式工事	総合的な企画、指導、調整のもとに建築物を建設する工事
大工工事	木材の加工又は取付けにより工作物を築造し、又は工作物に木製設備を取付ける工事
左官工事	工作物に壁土、モルタル、漆くい、プラスター、繊維等をこて塗り、吹付け、又ははり付ける工事
とび、土工、コンクリート工事	イ　足場の組立て、機械器具・建設資材等の重量物の運搬配置、鉄骨等の組立てを行う工事 ロ　くい打ち、くい抜き及び場所打ぐいを行う工事 ハ　土砂等の掘削、盛上げ、締固め等を行う工事 ニ　コンクリートにより工作物を築造する工事 ホ　その他基礎的ないしは準備的工事
石工事	石材（石材に類似のコンクリートブロック及び擬石を含む。）の加工又は積方により工作物を築造し、又は工作物に石材を取付ける工事
屋根工事	瓦、スレート、金属薄板等により屋根をふく工事
電気工事	発電設備、変電設備、送配電設備、構内電気設備等を設置する工事
管工事	冷暖房、冷凍冷蔵、空気調和、給排水、衛生等のための設備を設置し、又は金属製等の管を使用して水、油、ガス、水蒸気等を送配するための設備を設置する工事
タイル、れんが、ブロック工事	れんが、コンクリートブロック等により工作物を築造し、又は工作物にれんが、コンクリートブロック、タイル等を取付け、又ははり付ける工事

建設工事の種類	建　設　工　事　の　内　容
鋼構造物工事	形鋼、鋼板等の鋼材の加工又は組立てにより工作物を築造する工事
鉄筋工事	棒鋼等の鋼材を加工し、接合し、又は組立てる工事
ほ装工事	道路等の地盤面をアスファルト、コンクリート、砂、砂利、砕石等によりほ装する工事
しゅんせつ工事	河川、港湾等の水底をしゅんせつする工事
板金工事	金属薄板等を加工して工作物に取付け、又は工作物に金属製等の付属物を取付ける工事
ガラス工事	工作物にガラスを加工して取付ける工事
塗装工事	塗料、塗材等を工作物に吹付け、塗付け、又ははり付ける工事
防水工事	アスファルト、モルタル、シーリング材等によって防水を行う工事
内装仕上工事	木材、石膏ボード、吸音板、壁紙、たたみ、ビニール床タイル、カーペット、ふすま等を用いて建築物の内装仕上げを行う工事
機械器具設置工事	機械器具の組立て等により工作物を建設し、又は工作物に機械器具を取付ける工事
熱絶縁工事	工作物又は工作物の設備を熱絶縁する工事
電気通信工事	有線電気通信設備、無線電気通信設備、放送機械設備、データ通信設備等の電気通信設備を設置する工事
造園工事	整地、樹木の植栽、景石のすえ付け等により庭園、公園、緑地等の苑地を築造し、道路、建築物の屋上等を緑化し、又は植生を復元する工事
さく井工事	さく井機械等を用いてさく孔、さく井を行う工事又はこれらの工事に伴う揚水設備設置等を行う工事
建具工事	工作物に木製又は金属製の建具等を取付ける工事
水道施設工事	上水道、工業用水道等のための取水、浄水、配水等の施設を築造する工事又は公共下水道若しくは流域下水道の処理設備を設置する工事
消防施設工事	火災警報設備、消火設備、避難設備若しくは消火活動に必要な設備を設置し、又は工作物に取付ける工事

建設工事の種類	建　設　工　事　の　内　容
清掃施設工事	し尿処理施設又はごみ処理施設を設置する工事
解体工事	工作物の解体を行う工事

※建設業法第２条第１項の別表の左欄に掲げる建設工事の内容
（昭47.3.8　建設省告示第350号）

自然災害等により被害を受けられた方が作成する契約書等に係る印紙税の非課税措置について（平成29年４月　租税特別措置法の一部改正）

平成29年４月に租税特別措置法の一部が改正され、自然災害等により被害を受けた際に作成する以下の契約書等について、印紙税の非課税措置が設けられています。

1　被災者が作成する「不動産の譲渡に関する契約書」等の非課税

（概要）

平成28年４月１日以後に発生した自然災害によって滅失、又は損壊したことにより取り壊した建物の代替建物を取得する場合に、その被災者が作成する「不動産の譲渡に関する契約書」及び「建設工事の請負に関する契約書」について、印紙税を非課税とする措置が設けられています。

（範囲）

非課税措置の対象となる「不動産の譲渡に関する契約書」又は「建設工事の請負に関する契約書」は、その自然災害の発生した日から同日以後５年を経過する日までの間に作成されるもので、以下の①～③すべての要件を満たすものです。

①　自然災害の「被災者」が作成するものであること。

②　下記のいずれかの場合に作成されるものであること。

ア　自然災害により滅失した建物又は損壊したため取り壊した建物が所在した土地を譲渡する場合

イ　自然災害により損壊した建物を譲渡する場合

ウ　滅失等建物に代わる建物の敷地の用に供する土地を取得する場合

エ　代替建物を取得する場合

オ　代替建物を新築する場合

カ　損壊建物を修繕する場合

③　契約書に、自然災害によりその所有する建物に被害を受けたことについて市町村長等が証明した書類（り災証明書等）を添付していること。

2　公的貸付機関等が行う特別貸付けに係る「消費貸借に関する契約書」の非課税

（概要）

地方公共団体等が、平成28年4月1日以後に発生した指定災害により、その被災者を対象として、新たに設けた特別貸付制度の下で行う貸付に際して作成される「消費貸借に関する契約書」について印紙税を非課税とする措置が設けられています。

（範囲）

印紙税が非課税とされる地方公共団体又は政府系金融機関等が行う災害特別貸付けに係る「消費貸借に関する契約書」とは、下記の①から③までのすべての要件を満たす金銭の貸付けに関し作成される消費貸借契約書で、その指定災害の発生した日から同日以後5年を経過する日までの間に作成するものが非課税とされます。

①　貸付けを受ける者が指定災害により被害を受けた者であること。

②　貸付けを行う者が、公的貸付機関等であること。

③　他の金銭の貸付けの条件に比し特別に有利な条件で行う金銭の貸付け（特別貸付）であること。

④　①について、市町村長等が証明した書類等を当該契約書に添付していること。

3　一定の金融機関等が行う特別貸付けに係る「消費貸借に関する契約書」の非課税

（概要）

銀行、信用金庫などの金融機関が、平成28年４月１日以後に発生した指定災害により、その被災者を対象として、新たに設けた特別貸付制度の下で行う貸付に際して作成される「消費貸借に関する契約書」について印紙税を非課税とする措置が設けられています。

（範囲）

印紙税が非課税とされる、銀行、信用金庫などの行う特別貸付けに係る「消費貸借に関する契約書」とは、下記の①～④までのすべての要件を満たす金銭の貸付けに関し作成される消費貸借契約書で、その指定災害の発生した日から同日以後５年を経過する日までの間に作成するものが非課税とされる。

①　金銭の貸付けを行う者が「指定災害の被災者」であること。

②　金銭の貸付けを行う者が、銀行、信用金庫など一定の金融機関であること。

③　他の金銭の貸付けの条件に比し特別に有利な条件で行う金銭の貸付け（特別貸付け）であること。

④　①について、市町村長等が証明した書類等を当該契約書に添付していること。

参考資料

印　紙　税　額

平成 30 年 4 月現在（平成 31 年分以降の元号の表示につきましては、便宜上、平成を使用するとともに西暦を併記しております。）

番号	文書の種類（物件名）	印紙税額（1通又は1冊につき）	主な非課税文書
1	**1　不動産、鉱業権、無体財産権、船舶若しくは航空機又は営業の譲渡に関する契約書** （注）　無体財産権とは、特許権、実用新案権、商標権、意匠権、回路配置利用権、育成者権、商号及び著作権をいいます。 （例）　不動産売買契約書、不動産交換契約書、不動産売渡証書など **2　地上権又は土地の賃借権の設定又は譲渡に関する契約書** （例）　土地賃貸借契約書、土地賃料変更契約書など **3　消費貸借に関する契約書** （例）金銭借用証書、金銭消費貸借契約書など **4　運送に関する契約書** （注）　運送に関する契約書には、用船契約書を含み、乗車券、乗船券、航空券及び運送状は含まれません。 （例）　運送契約書、貨物運送引受書など	記載された契約金額が 1万円以上　10万円以下のもの　200円 10万円を超え　50万円以下　〃　400円 50万円を超え　100万円以下　〃　1千円 100万円を超え　500万円以下　〃　2千円 500万円を超え1千万円以下　〃　1万円 1千万円を超え5千万円以下　〃　2万円 5千万円を超え　1億円以下　〃　6万円 1億円を超え　5億円以下　〃　10万円 5億円を超え　10億円以下　〃　20万円 10億円を超え　50億円以下　〃　40万円 50億円を超えるもの　60万円 契約金額の記載のないもの　200円	記載された契約金額が1万円未満のもの
	上記の1に該当する「不動産の譲渡に関する契約書」のうち、平成9年4月1日から平成32年(2020年)3月31日までの間に作成されるものについては、契約書の作成年月日及び記載された契約金額に応じ、右欄のとおり印紙税額が軽減されています。 **（注）　契約金額の記載のないものの印紙税額は、本則どおり200円となります。**	**【平成26年4月1日～平成32年(2020年)3月31日】** 記載された契約金額が 1万円以上　50万円以下のもの　200円 50万円を超え　100万円以下　〃　500円 100万円を超え　500万円以下　〃　1千円 500万円を超え1千万円以下　〃　5千円 1千万円を超え5千万円以下　〃　1万円 5千万円を超え　1億円以下　〃　3万円 1億円を超え　5億円以下　〃　6万円 5億円を超え　10億円以下　〃　16万円 10億円を超え　50億円以下　〃　32万円 50億円を超えるもの　48万円 **【平成9年4月1日～平成26年3月31日】** 記載された契約金額が 1千万円を超え5千万円以下のもの　1万5千円 5千万円を超え　1億円以下　〃　4万5千円 1億円を超え　5億円以下　〃　8万円 5億円を超え　10億円以下　〃　18万円 10億円を超え　50億円以下　〃　36万円 50億円を超えるもの　54万円	
2	**請負に関する契約書** （注）　請負には、職業野球の選手、映画（演劇）の俳優（監督・演出家・プロデューサー）、プロボクサー、プロレスラー、音楽家、舞踊家、テレビジョン放送の演技者（演出家、プロデューサー）が、その者としての役務の提供を約することを内容とする契約を含みます。 （例）　工事請負契約書、工事注文請書、物品加工注文請書、広告契約書、映画俳優専属契約書、請負金額変更契約書など	記載された契約金額が 1万円以上　100万円以下のもの　200円 100万円を超え　200万円以下　〃　400円 200万円を超え　300万円以下　〃　1千円 300万円を超え　500万円以下　〃　2千円 500万円を超え1千万円以下　〃　1万円 1千万円を超え5千万円以下　〃　2万円 5千万円を超え　1億円以下　〃　6万円 1億円を超え　5億円以下　〃　10万円 5億円を超え　10億円以下　〃　20万円 10億円を超え　50億円以下　〃　40万円 50億円を超えるもの　60万円 契約金額の記載のないもの　200円	記載された契約金額が1万円未満のもの
	上記の「請負に関する契約書」のうち、建設業法第2条第1項に規定する建設工事の請負に係る契約に基づき作成されるもので、平成9年4月1日から平成32年(2020年)3月31日までの間に作成されるものについては、契約書の作成年月日及び記載された契約金額に応じ、右欄のとおり印紙税額が軽減されています。 **（注）　契約金額の記載のないものの印紙税額は、本則どおり200円となります。**	**【平成26年4月1日～平成32年(2020年)3月31日】** 記載された契約金額が 1万円以上　200万円以下のもの　200円 200万円を超え　300万円以下　〃　500円 300万円を超え　500万円以下　〃　1千円 500万円を超え1千万円以下　〃　5千円 1千万円を超え5千万円以下　〃　1万円 5千万円を超え　1億円以下　〃　3万円 1億円を超え　5億円以下　〃　6万円 5億円を超え　10億円以下　〃　16万円 10億円を超え　50億円以下　〃　32万円 50億円を超えるもの　48万円 **【平成9年4月1日～平成26年3月31日】** 記載された契約金額が 1千万円を超え5千万円以下のもの　1万5千円 5千万円を超え　1億円以下　〃　4万5千円 1億円を超え　5億円以下　〃　8万円 5億円を超え　10億円以下　〃　18万円 10億円を超え　50億円以下　〃　36万円 50億円を超えるもの　54万円	
3	**約束手形、為替手形** （注）1　手形金額の記載のない手形は非課税となりますが、金額を補充したときは、その補充をした人がその手形を作成したものとみなされ、納税義務者となります。 2　振出人の署名のない白地手形（手形金額の記載のないものは除きます。）で、引受人やその他の手形当事者の署名のあるものは、引受人やその他の手形当事者がその手形を作成したことになります。	記載された手形金額が 10万円以上　100万円以下のもの　200円 100万円を超え　200万円以下　〃　400円 200万円を超え　300万円以下　〃　600円 300万円を超え　500万円以下　〃　1千円 500万円を超え1千万円以下　〃　2千円 1千万円を超え2千万円以下　〃　4千円 2千万円を超え3千万円以下　〃　6千円 3千万円を超え5千万円以下　〃　1万円 5千万円を超え　1億円以下　〃　2万円 1億円を超え　2億円以下　〃　4万円 2億円を超え　3億円以下　〃　6万円 3億円を超え　5億円以下　〃　10万円 5億円を超え　10億円以下　〃　15万円 10億円を超えるもの　20万円	1　記載された手形金額が10万円未満のもの 2　手形金額の記載のないもの 3　手形の複本又は謄本
	①一覧払のもの、②金融機関相互間のもの、③外国通貨で金額を表示したもの、④非居住者円表示のもの、⑤円建銀行引受手形	200円	

一　　覧　　表

（10万円以下又は10万円以上 ‥‥ 10万円は含まれます。
10万円を超え又は10万円未満 ‥ 10万円は含まれません。）

番号	文書の種類（物件名）	印紙税額（１通又は１冊につき）	主な非課税文書
4	**株券、出資証券若しくは社債券又は投資信託、貸付信託、特定目的信託若しくは受益証券発行信託の受益証券** （注）１　出資証券には、投資証券を含みます。 ２　社債券には、特別の法律により法人の発行する債券及び相互会社の社債券を含むものとする。	記載された券面金額が 500万円以下のもの　200円 500万円を超え１千万円以下のもの　1千円 １千万円を超え５千万円以下 〃　2千円 ５千万円を超え　１億円以下 〃　1万円 １億円を超えるもの　2万円 （注）株券、投資証券については、１株（１口）当たりの払込金額に株数（口数）を掛けた金額を券面金額とします。	１　日本銀行その他特定の法人の作成する出資証券 ２　譲渡が禁止されている特定の受益証券 ３　一定の要件を満たしている額面株式の株券の無効手続に伴い新たに作成する株券
5	**合併契約書又は吸収分割契約書若しくは新設分割計画書** （注）１　会社法又は保険業法に規定する合併契約を証する文書に限ります。 ２　会社法に規定する吸収分割契約又は新設分割計画を証する文書に限ります。	4万円	
6	**定　款** （注）株式会社、合名会社、合資会社、合同会社又は相互会社の設立のときに作成される定款の原本に限ります。	4万円	株式会社又は相互会社の定款のうち公証人法の規定により公証人の保存するもの以外のもの
7	**継続的取引の基本となる契約書** （注）契約期間が３か月以内で、かつ更新の定めのないものは除きます。 （例）売買取引基本契約書、特約店契約書、代理店契約書、業務委託契約書、銀行取引約定書など	4千円	
8	**預金証書、貯金証書**	200円	信用金庫その他特定の金融機関の作成するもので記載された預入額が１万円未満のもの
9	**貨物引換証、倉庫証券、船荷証券** （注）１　法定記載事項の一部を欠く証書で類似の効用があるものを含みます。 ２　倉庫証券には農業倉庫証券及び連合農業倉庫証券は含みません。	200円	船荷証券の謄本
10	**保険証券**	200円	
11	**信用状**	200円	
12	**信託行為に関する契約書** （注）信託証書を含みます。	200円	
13	**債務の保証に関する契約書** （注）主たる債務の契約書に併記するものは除きます。	200円	身元保証ニ関スル法律に定める身元保証に関する契約書
14	**金銭又は有価証券の寄託に関する契約書**	200円	
15	**債権譲渡又は債務引受けに関する契約書**	記載された契約金額が１万円以上のもの　200円 契約金額の記載のないもの　200円	記載された契約金額が１万円未満のもの
16	**配当金領収証、配当金振込通知書**	記載された配当金額が３千円以上のもの　200円 配当金額の記載のないもの　200円	記載された配当金額が３千円未満のもの
17	**１　売上代金に係る金銭又は有価証券の受取書** （注）１　売上代金とは、資産を譲渡することによる対価、資産を使用させること（権利を設定することを含みます。）による対価及び役務を提供することによる対価をいい、手付けを含みます。 ２　株券等の譲渡代金、保険料、公社債及び預貯金の利子などは売上代金から除かれます。 （例）商品販売代金の受取書、不動産の賃貸料の受取書、請負代金の受取書、広告料の受取書など	記載された受取金額が 100万円以下のもの　200円 100万円を超え 200万円以下のもの　400円 200万円を超え 300万円以下 〃　600円 300万円を超え 500万円以下 〃　1千円 500万円を超え１千万円以下 〃　2千円 １千万円を超え２千万円以下 〃　4千円 ２千万円を超え３千万円以下 〃　6千円 ３千万円を超え５千万円以下 〃　1万円 ５千万円を超え　１億円以下 〃　2万円 １億円を超え　２億円以下 〃　4万円 ２億円を超え　３億円以下 〃　6万円 ３億円を超え　５億円以下 〃　10万円 ５億円を超え　10億円以下 〃　15万円 10億円を超えるもの　20万円 受取金額の記載のないもの　200円	次の受取書は非課税 １　記載された受取金額が**５万円未満（※）**のもの ２　営業に関しないもの ３　有価証券、預貯金証書など特定の文書に追記した受取書 ※　平成26年３月31日までに作成されたものについては、記載された受取金額が３万円未満のものが非課税とされていました。
	２　売上代金以外の金銭又は有価証券の受取書 （例）借入金の受取書、保険金の受取書、損害賠償金の受取書、補償金の受取書、返還金の受取書など	200円	
18	**預金通帳、貯金通帳、信託通帳、掛金通帳、保険料通帳**	１年ごとに　200円	１　信用金庫など特定の金融機関の作成する預貯金通帳 ２　所得税が非課税となる普通預金通帳など ３　納税準備預金通帳
19	**消費貸借通帳、請負通帳、有価証券の預り通帳、金銭の受取通帳などの通帳** （注）18に該当する通帳を除きます。	１年ごとに　400円	
20	**判取帳**	１年ごとに　4千円	

印紙税法基本通達別表第二　重要な事項の一覧表

基通第12条《契約書の意義》、第17条《契約の内容の変更の意義等》、第18条《契約の内容の補充の意義等》及び第38条《追記又は付け込みの範囲》の「重要な事項」とは、おおむね次に掲げる文書の区分に応じ、それぞれ次に掲げる事項（それぞれの事項と密接に関連する事項を含む。）をいいます。

1　第1号の1文書
第1号の2文書のうち、地上権又は土地の賃借権の譲渡に関する契約書
第15号文書のうち、債権譲渡に関する契約書

(1)　目的物の内容
(2)　目的物の引渡方法又は引渡期日
(3)　契約金額
(4)　取扱数量
(5)　単価
(6)　契約金額の支払方法又は支払期日
(7)　割戻金等の計算方法又は支払方法
(8)　契約期間
(9)　契約に付される停止条件又は解除条件
(10)　債務不履行の場合の損害賠償の方法

2　第1号の2文書のうち、地上権又は土地の賃借権の設定に関する契約書

(1)　目的物又は被担保債権の内容

⑵　目的物の引渡方法又は引渡期日
⑶　契約金額又は根抵当権における極度金額
⑷　権利の使用料
⑸　契約金額又は権利の使用料の支払方法又は支払期日
⑹　権利の設定日若しくは設定期間又は根抵当権における確定期日
⑺　契約に付される停止条件又は解除条件
⑻　債務不履行の場合の損害賠償の方法

3　第1号の3文書

⑴　目的物の内容
⑵　目的物の引渡方法又は引渡期日
⑶　契約金額（数量）
⑷　利率又は利息金額
⑸　契約金額（数量）又は利息金額の返還（支払）方法又は返還（支払）期日
⑹　契約期間
⑺　契約に付される停止条件又は解除条件
⑻　債務不履行の場合の損害賠償の方法

4　第1号の4文書
第2号文書

⑴　運送又は請負の内容（方法を含む。）
⑵　運送又は請負の期日又は期限
⑶　契約金額
⑷　取扱数量
⑸　単価

⑹　契約金額の支払方法又は支払期日
⑺　割戻金等の計算方法又は支払方法
⑻　契約期間
⑼　契約に付される停止条件又は解除条件
⑽　債務不履行の場合の損害賠償の方法

5　第7号文書

⑴　令第26条《継続的取引の基本となる契約書の範囲》各号に掲げる区分に応じ、当該各号に掲げる要件
⑵　契約期間（令第26条各号に該当する文書を引用して契約期間を延長するものに限るものとし、当該延長する期間が3か月以内であり、かつ、更新に関する定めのないものを除く。）

6　第12号文書

⑴　目的物の内容
⑵　目的物の運用の方法
⑶　収益の受益者又は処分方法
⑷　元本の受益者
⑸　報酬の金額
⑹　報酬の支払方法又は支払期日
⑺　信託期間
⑻　契約に付される停止条件又は解除条件
⑼　債務不履行の場合の損害賠償の方法

7　第13号文書

(1)　保証する債務の内容
(2)　保証の種類
(3)　保証期間
(4)　保証債務の履行方法
(5)　契約に付される停止条件又は解除条件

8　第14号文書

(1)　目的物の内容
(2)　目的物の数量（金額）
(3)　目的物の引渡方法又は引渡期日
(4)　契約金額
(5)　契約金額の支払方法又は支払期日
(6)　利率又は利息金額
(7)　寄託期間
(8)　契約に付される停止条件又は解除条件
(9)　債務不履行の場合の損害賠償の方法

9　第15号文書のうち、債務引受けに関する契約書

(1)　目的物の内容
(2)　目的物の数量（金額）
(3)　目的物の引受方法又は引受期日
(4)　契約に付される停止条件又は解除条件
(5)　債務不履行の場合の損害賠償の方法

著者紹介

山端　美徳（やまはた　よしのり）

【略歴】

東京地方税理士会所属

税理士、行政書士、ファイナンシャルプランナー（AFP）

国税庁長官官房事務管理課、東京国税局課税第二部調査部門（間接諸税担当）、東京国税局課税第二部消費税課等を経て2008年税理士登録、2010年行政書士、ファイナンシャルプランナー（AFP）登録

【著書】

・「徹底ガイド　国税　税務申請・届出のすべて」共著（清文社）
・「間違うと痛い!!　印紙税の実務Q&A」共著（大蔵財務協会）
・「税制改正経過一覧ハンドブック」共著（大蔵財務協会）
・「経営に活かす税務の数的基準」共著（大蔵財務協会）
・「文書類型でわかる印紙税の課否判断ガイドブック」（清文社）

本書の内容に関するご質問は、ファクシミリ等、文書で編集部宛にお願いいたします。（fax　03-6777-3483）
なお、個別のご相談は受け付けておりません。

本書刊行後に追加・修正事項がある場合は、随時、当社のホームページ（https://www.zeiken.co.jp）にてお知らせいたします。

建設業・不動産業に係る印紙税の実務

平成30年７月１日　初版第一刷印刷
平成30年７月10日　初版第一刷発行

©著　者　山　端　美　徳

発行所　税務研究会出版局
週　刊「税務通信」「経営財務」発行所
代表者　山　根　　毅
郵便番号100-0005
東京都千代田区丸の内１-８-２　鉄鋼ビルディング
振替00160-３-76223
電話〔書　籍　編　集〕03(6777)3463
〔書　店　専　用〕03(6777)3466
〔書　籍　注　文〕〈お客さまサービスセンター〉03(6777)3450

各事業所　電話番号一覧

北海道 011(221)8348	神奈川 045(263)2822	中　国 082(243)3720
東　北 022(222)3858	中　部 052(261)0381	九　州 092(721)0644
関　信 048(647)5544	関　西 06(6943)2251	

<税研ホームページ>　https://www.zeiken.co.jp

乱丁・落丁の場合は、お取替えします。　　印刷・製本　奥村印刷株式会社

ISBN978-4-7931-2352-8